计算机科学先进技术译丛

敏捷度量实战

如何度量并改进团队绩效

[美] 克里斯托弗·W. H. 戴维斯 (Christopher W. H. Davis)　著
　　娄山佑　李月莲　程继洪　译

机械工业出版社

本书主要讲述如何收集度量数据，并分析这些数据，进而衡量团队的绩效。全书分为 3 个部分："度量敏捷团队""收集和分析团队的数据""度量你的团队、过程和软件"。第 1 部分介绍度量开发过程中出现的问题，以及如何将敏捷度量应用于团队；第 2 部分介绍特定类型的数据，如何在团队中使用该数据，以及能够从该数据中获得哪些信息；第 3 部分介绍能够使用前两部分所获得的数据来做的一些工作。

本书注重理论与实践相结合，适合开发人员、测试人员、项目经理等各类人员使用，具有很好的参考价值；也可以作为敏捷度量爱好者学习和应用的参考书；还可以作为一些培训机构的参考用书。

Original English language edition published by Manning Publications, USA.

Copyright © 2016 by Manning Publications.

Simplified Chinese-language edition copyright © 2019 by China Machine Press.

All rights reserved.

This title is published in China by China Machine Press with license from Manning Publications. This edition is authorized for sale in China only, excluding Hong Kong SAR, Macao SAR and Taiwan. Unauthorized export of this edition is a violation of the Copyright Act. Violation of this Law is subject to Civil and Criminal Penalties.

本书由 Manning Publications 授权机械工业出版社在中华人民共和国境内（不包括香港、澳门特别行政区及台湾地区）出版与发行。未经许可之出口，视为违反著作权法，将受法律之制裁。

北京市版权局著作权合同登记 图字：01-2016-8235 号。

图书在版编目（CIP）数据

敏捷度量实战：如何度量并改进团队绩效／（美）克里斯托弗·W. H. 戴维斯著；娄山佑，李月莲，程继洪译.—北京：机械工业出版社，2019.3

（计算机科学先进技术译丛）

书名原文：Agile Metrics in Action：How to Measure and Improve Team Performance

ISBN 978-7-111-61749-5

Ⅰ.①敏… Ⅱ.①克… ②娄… ③李… ④程… Ⅲ.①软件开发
Ⅳ.①TP311.52

中国版本图书馆 CIP 数据核字（2019）第 034298 号

机械工业出版社（北京市百万庄大街 22 号　邮政编码　100037）

策划编辑：李培培　　　责任编辑：李培培
责任校对：张艳霞　　　责任印制：张　博

北京铭成印刷有限公司印刷

2019 年 4 月第 1 版·第 1 次印刷
184 mm×260 mm · 12.5 印张·300 千字
0001—3000 册
标准书号：ISBN 978-7-111-61749-5
定价：59.00 元

凡购本书，如有缺页、倒页、脱页，由本社发行部调换
电话服务　　　　　　　　　　　网络服务

服务咨询热线：（010）88361066　　机 工 官 网：www.cmpbook.com
读者购书热线：（010）68326294　　机 工 官 博：weibo.com/cmp1952
　　　　　　　　　　　　　　　　金 书 网：www.golden-book.com

封面无防伪标均为盗版　　　　　教育服务网：www.cmpedu.com

译者序

众所周知，软件开发和测试永不分家。为了保证软件质量，必须进行测试，因此对于敏捷开发，需要进行敏捷度量。虽然敏捷开发十分流行，但很少有开发团队实施敏捷度量。市面上介绍敏捷度量的书籍比较少，戴维斯先生的这本《敏捷度量实战》为我们提供了一个学习敏捷度量的良好机会。俗话说"实践出真知"，戴维斯先生拥有多年丰富的软件开发经验及管理经验，对于敏捷开发和敏捷度量有自己独到的见解。本书主要关注如何敏捷度量团队，从理论到实践，从定义测量领域到执行测量指标的对象，从收集数据的方式和使用工具的方法到执行相关操作，都提供了全面的指导。

对于敏捷开发译者并不陌生，而对敏捷度量则不是很熟悉，虽然自己有一定的软件开发和测试经验，但刚开始接到本书的时候确实有些战战兢兢，生怕无法胜任。为了保质保量地完成翻译任务，译者查阅了大量的书籍，并从网络上收集了大量有关敏捷度量的资料，对敏捷度量有了比较系统的认识。翻译的过程充满了艰辛和快乐，每当遇到一些难以理解的专业术语时，都要查阅相关资料，请教同事或朋友，反复推敲才能确定。对于本书每一字每一句，都反复琢磨很多遍，对翻译片段反复组合，优中选优，力求忠于原文并符合中文的表达习惯，避免让读者在阅读过程中感到生硬和不连贯。

"实践是检验真理的唯一标准"，书中除了包含一些与敏捷原则有关的理论知识，还有典型的案例分析，都是出自作者多年的实践经验，这为初学者或中高级读者提供了难得的学习机会，具有很高的实用价值。这本书确实是一本难得的好书。

虽然在翻译过程中，译者对译文反复推敲，力图传达作者确切的意图，但由于时间紧张，学识水平有限，错误疏漏在所难免，望各位读者不吝提出宝贵意见。

娄山佑
于烟台南山学院

序

虽然敏捷度量应用的时间较短，但软件开发行业已经成熟，在过去的 15 年中软件开发行业经历了几次重大变革：

- 就在不久之前，瀑布开发生命周期似乎还是软件开发项目的唯一选择，然而今天，敏捷方法已经被广泛使用。
- SCM、问题跟踪、构建标准化、持续集成以及连续监测等已经被应用到软件开发过程中。大多数开发组织都遵循一套完整的软件开发规范。
- 为尽量减少开发的工作量，IDE 已经成为开发人员广泛使用的开发工具。

这是个好消息，更重要的是还要继续努力，让软件开发变得更美好。令人惊奇的是，当前有很多开发团队都在寻求共同的目标：持续交付。换句话说，很多团队想要一个可预测和可重复的软件开发过程，并且能够以可控的方式随时投入运行。

尽管近年来软件行业取得了许多成就，但有一个普遍的共识，那就是还没有实现"持续交付"这个目标。软件开发仍然会受到许多不可控因素的影响，因此无法控制交付时间。在功能范围缩小的情况下，项目也经常被延迟交付，很令人沮丧。对交付时间做出承诺的代价十分昂贵，并且不可预测。

当前产业最缺少的是：如何衡量我们开发的产品，以及衡量改进并发布新版本所产生的影响。我们应该能够回答"这种改变是否改善了过程？"以及"是否提高了发布新版本的效率？"。在许多情况下，这些问题很少被问到，因为这不是公司文化的一部分，或者因为我们知道很难回答。但是一个行业想要进一步发展，就需要提出和回答这些问题。许多公司已经意识到了这一点，并开始进入测量领域。

读者可以使用 Chris 写的这本书，开始自己的测量旅程，它将是读者学习测量的坚定伙伴。无论读者是初级还是高级"测量员"，《敏捷度量实战》将为读者提供 360° 指导：从理论到实践，从定义测量领域和频率到执行测量指标的对象，以及从收集数据的方式和使用工具的方法到采取的行动。本书主要针对敏捷开发团队，但其中大部分内容也适用于其他软件开发团队。所有这一切都是使用现有的工具完成的，其中大部分工具都是开源的，并且被广泛使用。

但这不是全部！对于每个测量领域，Chris 基于自己多年的工作经验都提出了一个案例以供研究，非常具体和实用。不论读者目前衡量开发过程的数量及程度如何，都会有所收获。祝阅读愉快！

Olivier Gaudin
SonarSource CEO 和共同创始人

致谢

任何写书的人都会说自己的工作量很大，他们是对的。经历过这个写作旅程，自己受益颇多。如果不是因为我一生中受到了许多人的关爱和支持，鼓励我尝试新事物，并且让我有信心继续创新，那么读者就不会有机会阅读这本书了。

首先，感谢我的老师多年来关注我对写作的热爱，鼓励我坚持下去：我的五年级老师Rosati 先生首先注意到我对写作的热爱；我的七年级英语老师和网球教练 Nolan 先生让我有机会提高创作技巧；我的十年级英语老师 Kirchner 女士，鼓励我出版自己的作品；我的大学老师 Sheila Silver、Christa Erickson、Perry Goldstein 和 Daniel Weymouth 教授都鼓励我把技术和创造能力结合在一起。

特别感谢我的父母 Ward 和 Irene Davis，他们一直站在我身边，鼓励我成就自己。他们给了我成长的自由，鼓励我努力追求自己的目标。

我也很感激我可爱的妻子 Heather，她容忍我在漫长的夜晚和周末继续工作，并鼓励我勇往直前。

我也感谢 Grandma Davis，她给了我创作的灵感。

感谢曼宁出版社所有关心和帮助过我的人：Dan Maharry 是一位出色的编辑，在我撰写本书期间，Michael Stephens、Candace Gillhoolley 和 Marjan Bace 提出许多建议和指导。还要感谢我的制作团队和曼宁其他幕后工作的人员。

我还要向 MEAP 读者和审稿人表示感谢，他们花了不少时间阅读我的手稿，并提出了许多宝贵的建议，他们是 Boyd Meier、Chris Heneghan、Enzo Matera、Ezra Simeloff、Francesco Bianchi、Hamideh Iraj、James Matlock、John Tyler、Ken Fricklas、Luca Campobasso、Marcelo Lopez、Max Hemingway、Noreen Dertinger、Steven Parr 和 Sune Lomholt。

特别感谢我的技术校对员 David Pombal，他检查了所有的代码，并在本书印刷之前阅读了所有章节，感谢 Olivier Gaudin 写的序。

我也要感谢那些从没有测量的人们，他们让我疯狂，最终驱使我探索和掌握职业生涯中的话题。另外，我要感谢发现这些技术的实用价值的人，或者是那些曾经使用过这些技术的团队，因为他们帮助我实践了度量敏捷团队的实用方法。

前言

团队应该定期反思如何提高效率，然后相应地调整其行为。

—agilemanifesto.org/principles.html

开发团队应依据团队成员、时间承诺、正在开发的项目和所使用的软件，采取不同的方式进行敏捷度量。遵循"敏捷宣言"，团队应定期检查和调整其行为，并反思他们的工作绩效以及如何提高效率。本书讲述了如何收集能够衡量敏捷团队的数据，并分析这些数据，以发现问题并解决问题，使团队充分发挥其潜力。

作者在多年的敏捷团队管理工作中，经常会发现团队成员喜欢根据直觉或者最新的博客帖子来检查和调整他们的工作。许多时候，他们不使用真实的数据来确定从哪个方面评估团队或过程。读者不需要走很远的路就可以查找今天进行开发、跟踪和监控所使用的数据，读者可以应用非常复杂的性能监控系统，跟踪有管理任务的系统，从而能够构建灵活、简单、功能强大的系统。团队每天多次自动发布新代码，读者可以使用这些数据来衡量团队，并调整开发过程。

多年来，作者一直沿用这本书中的技术，这对于改变团队的工作思路影响很大。围绕数据展开对话，而不是脱离猜测或意见来揭示真正的问题，最终会富有成效。读者能够在团队中创建度量，并在例会、阶段总结或整个开发过程中使用这些度量，这有助于团队查找问题根源，排除干扰因素，使工作过程运转良好。

管理人员和团队领导获得这些度量数据时通常会比较快乐，因为他们可以深入了解团队的真实表现。他们也可以看到采取的措施如何影响团队的工作，以及对最终目标的影响。

当作者还是一名开发人员的时候，就开始使用这些技术，希望向领导层报告团队真实的表现。当作者转变为管理者的时候，开始从另一个角度来看待这些技术，鼓励团队做同样的事情，收集他们认为是重要的、能够反映他们日常工作的数据。当作者转变为高级管理者时，已经可以从更高的层次来看这些技术，如战略、举措和投资如何影响团队的协作，如何将一个团队的运行效率提高到另一个团队的水平之上，以及如何在更大程度上取得成功。无论读者在敏捷开发团队中担任什么角色，作者相信读者将能在组织中成功地应用这些技术。

关于本书

在本书中，作者希望向读者展示如何使用已经生成的数据改进你的团队、过程和开发的产品。本书的主要目的就是告诉敏捷团队，应使用哪些度量来客观地衡量团队的绩效。读者将了解哪些数据重要，从哪里找到这些数据，如何获得它以及如何分析它。由于敏捷团队成员能够收集或使用有意义的数据，你将了解如何通过仪表板发布度量信息，进行绩效评估以及明确个人责任。在此，作者希望读者能够掌握一些数据分析技术，包括使用大数据分析的技术。

路线图

本书分为 3 个部分："度量敏捷团队""收集和分析团队的数据""度量你的团队、过程和软件"。

第 1 部分介绍数据驱动敏捷团队的概念：如何衡量过程以及将其应用于你的团队。第 1 章概述了一个虚构的团队，第 2 章提供一个案例研究该团队。

本书的第 2 部分由 4 章组成，每章重点介绍特定类型的数据，如何在你的团队中使用该数据，以及你能够从该数据中获得哪些信息。从第 3 章开始使用项目跟踪系统数据，在第 4 章中介绍源代码管理数据，第 5 章探索连续集成（CI）和部署系统的数据，在第 6 章中读者可以查看从应用程序性能监控工具获取的数据。本部分的每一章都以一个案例研究结尾，显示了从团队的角度如何将研究的度量数据应用于团队。

本书的第 3 部分介绍如何使用前两部分所获得的数据来做一些实际工作。第 7 章介绍如何组合不同类型的数据来创建复杂的度量；第 8 章介绍如何测量软件质量，以及使用各种数据和技术来监控在开发周期中所编写的代码；第 9 章介绍如何发布度量信息，将其通过仪表板发布报告以及组织成员如何使用它们；本书的最后一章介绍如何根据敏捷原则度量你的团队，以了解团队实际的表现。

在本书中，作者主要使用开源工具来演示这些案例。附录将引导读者完成基于 Elastic-Search、Kibana、Mongo 和 Grails 数据收集系统的代码，该数据收集系统用于收集、汇总和显示来自多个系统的数据。

代码约定和下载

为了与正文进行区别，本书中的所有源代码（无论是代码列表还是片段）都采用固定宽度字体。在某些代码中，使用代码注释指出关键概念，有时在正文中使用编号提供有关代码的其他信息。代码进行了格式化，以便通过添加换行符和仔细使用缩进，使其适合书中可用的页面空间。

本书的代码可通过关注微信订阅号"IT 有得聊",并输入本书 5 位书号获得下载链接,或登录 www.golden_book.com 搜索本书并下载,也可以从 GitHub 的网站下载,网址为 gitub.com/cwhd/measurementor。

读者将从这些项目实践中受益颇多,另外也可以使用自己的语言重新开发这些项目。为了让读者容易学习,作者尽量使用开源工具来实现大部分功能,并使其尽可能简单。此外,读者可以使用一个 puppet 脚本程序安装一个 Vagrant 文件或自定义安装,方便快速启动并运行虚拟机。

附录 A 详细介绍了整本书使用的系统的架构。

作者在线

购买《敏捷度量实战》的读者可以免费访问由曼宁出版社提供的私人网络论坛,读者可以在此处对本书发表评论,提出技术问题,并会从作者和社区获得帮助。要访问论坛并订阅,请访问 www.manning.com/AgileMetricsinAction,该页面提供了有关如何登录论坛,论坛提供什么样的帮助以及论坛上需要遵守的行为规则的信息。

关于作者

自 20 世纪后期开始,Christopher W. H. Davis 一直担任开发团队的领导。他主要从事旅游、金融、医疗、电信和制造业等领域的软件开发工作,在世界各地领导了不同的团队。

他是一个狂热的运动员,他喜欢美丽的美国俄勒冈州的波特兰市,那里有他的妻子和两个孩子。

关于封面图

本书封面描绘了一个苏格兰北部山区的居民。他身着长长的蓝色长袍和红色的帽子,吹着传统的苏格兰风笛。

这个封面摘自 19 世纪法国出版的 Sylvain Maréchal 编撰的《区域服饰习俗 第四卷》。书中每一幅图都经过精心绘制和手工着色。Maréchal 丰富的收藏给我们生动地展示了 200 年前不同城市和地区的文化差异。由于相互隔离,人们说着不同的方言和语言。无论在城市的街道、小城镇或乡村,都可以很容易地通过他们的穿着分辨出他们在哪里生活以及他们的生活习惯。

服饰密码从那时起已经改变,那个时候的人们根据区域和阶级的不同拥有的服饰特色现在已经逐渐消失。现在人们已经很难通过服饰区分不同大洲的居民,更不用说不同的城镇或地区了。也许我们已经将文化多样性换成了一种更加多样化的个人生活——当然是为了更加多样化和快节奏的科技生活。

当计算机图书多到无法区分时,本书采用 Maréchal 的两世纪以前的区域生活的多样性图片作为图书封面的方式,庆祝计算机图书的创造性和主动性。

说明:因黑白印刷,本书中很多图片无法区分颜色,可同代码一起下载。

目录

第 2 部分　收集和分析团队的数据

第 1 部分

度量敏捷团队

敏捷开发有指导原则，而非硬性的规定。尽管拥有测量所需的所有数据，但许多团队仍困于对过程和团队的度量。

第 1 章将介绍敏捷度量面临的挑战。读者将了解从哪里获取度量团队的数据，如何将问题分解成可度量的单元，以及如何更好地敏捷度量团队。

第 2 章通过一个案例将前面所学的内容付诸实践，使用几个开源工具进行敏捷度量。首先识别关键度量，然后利用工具来收集和分析数据，最后依据发现的问题调整被测对象。

第1章
度量敏捷性能

本章导读：
- 困于对敏捷性能的度量。
- 寻找度量敏捷性能的客观数据。
- 使用获取的数据解决性能问题。
- 采取敏捷性能度量。

判断敏捷团队是否在尽最大努力工作，并没有一个行之有效的标准。结合对团队绩效的了解调整其运作的方式，能够提高团队的绩效。为了更深入地了解团队，以及衡量团队所做的调整，采取度量形式来收集和分析数据是一条有效的途径。

1.1 收集、度量、应用、重复——反馈循环

应用来源于反馈循环系统且与开发周期同步的度量，有助于更加精准地调整团队的行动，改善整个组织的沟通。在这个反馈循环中有以下几个步骤：

1）收集——收集关于团队表现的所有数据。在做任何改变之前要确定自己的意图。

2）度量——分析数据。

- 查找数据点之间的变化趋势和关联。
- 构想有关团队、工作流或者过程等问题。
- 在分析的基础上，研究如何调整

3）应用——根据分析进行调整。

4）重复——动态观察确定会受到影响的数据，以便持续地分析和调整团队。

图1-1描绘的反馈循环适用于敏捷团队的运作。开发的过程就是生成和收集数据的过程，暂停检查和调整的过程就是分析的过程，而重新开始恰恰就是在运用学到的经验输出更多的数据。

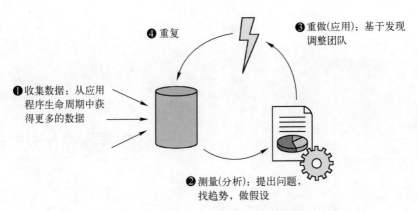

图 1-1　反馈循环：从流程中收集数据，提出问题以及调整流程

持续交付和持续提高

"持续"一词在敏捷术语中应用很广泛：持续集成、持续交付、持续提高、持续测试等。无论使用 Scream、Kanban、极限开发（XP）或是其他形式的敏捷式开发，在检查和调整期间保持度量的连续性是很关键的。

刚开始需要明确自己的意图，可能在开发过程中已经追踪了一些指标，如任务完成情况、代码修改情况以及软件执行情况。分析阶段是由分析数据驱动的，通过分析可以识别数据点和度量，有助于回答问题。这些数据点能够成为调整过程的进度指标，为团队提供理想的运行模式。一旦有问题就可以使用这些数据点和度量来解决。此时，就能调整团队的运行模式，追踪所识别的度量。

1.1.1　什么是度量

"测量某物的方法或从中获得的结果。"

——谷歌定义的度量

能够在软件开发周期中获取有关度量数据，衡量开发团队的表现。度量来自单个数据源或者来自多个数据源的数据组合。所追踪的任何数据点最终都会成为一个度量，可以用来衡量团队的表现。常见的度量如下：

- 速度——随着时间推移，团队的相对表现。
- 修改代码行数（CLOC）——代码行数的变化情况。

度量被用于衡量所有相关的事宜，当被用于促进更好地沟通和交流时，它就会变成功能强大的工具。这些度量能够成为关键性能指标（KPI），有助于衡量对团队和业务有重要影响的因素。通过使用 KPI 和数据趋势反映某个数据点对团队行为和进度的影响，随之调整团队的行为，并观察所做出的修改对重要数据的影响。

1.2　敏捷团队为什么困于测量

当开车行驶在道路上时，所驾车的仪表与周围其他车辆上的仪表相同。路边的公路标志牌显示限速及行车指示。路上每个驾驶员都必须通过相同的驾驶员考试，遵守相同的驾驶规则，才能获得驾照。

敏捷开发却不同于开车，参与软件开发的人员有不同的身份和背景，他们的观点也不一致。

- 开发人员可能认为软件质量好意味着软件设计良好。
- 产品所有者则把质量好定义成具有较多的功能。
- 项目经理却认为质量好代表着能够在规定的时间和预算内完成软件开发。

所以，现在可以这样描绘这群人，他们在同一条道路上前行，他们驾驶的车辆却安装着完全不同的仪表，他们需要到达同一个目的地，却使用不同的路况信息。他们彼此跟随行驶在路上，但当靠边停车，查看下面的行程时，每个人得到的是不同的信息。

敏捷与产品所有者与开发者都有关系，为了处理好他们之间的关系，需要消除交流障碍，将开发过程中产生的数据转换成双方约定的度量标准，以便了解团队的工作方式。

下面看几个普遍存在的问题，这些问题阻碍了对敏捷度量的理解：

- 敏捷度量的定义并不简单。
- 敏捷偏离了教科书中所讲的项目管理。
- 在整个开发过程中生成数据，没有统一的视图。

以上都是值得思考的常见问题。

1.2.1　问题：定义敏捷度量并不简单

有一些敏捷原则，容易导致混淆，下面从常见的敏捷原则开始：

- 软件正常运行是衡量过程的首要标准。这种说法模棱两可，使团队很难准确度量进度。如果正在向客户提供产品，表现算得上良好，而问题是软件正常运行这个词的主观性质。正在交付的版本，是不是虽然满足了最初的所有需求，但有大量的威胁顾客数据的安全漏洞？是不是提供的产品不够好，以致顾客停止使用它？如果出现以上情况中的任何一种，表示工作没有取得进展。在此度量过程中所花费的时间比交付版本还要多。
- 必须使用较低的度量成本，那么与度量有关的成本包括什么？是否包括软件授权？是否计算了度量数据所花费的时间？这种说法削弱了度量的价值。当开始度量某物的时候，切记度量以后实现的价值要大于度量它的成本。这种说法直截了当，不像第一种说法那样模糊。
- "度量所有重要的东西"，这个观点不准确，如何知道什么才是重要的？什么时候开始跟踪新事物？什么时候停止跟踪？这些都是难题。当它们可能正在发挥价值的时候，却已被抛在一边而告终。一种更好的说法就是"度量一切，找出为什么度量会出现意外改变"。

1.2.2　问题：敏捷专注于产品而不是项目

敏捷开发的优势之一就是支持产品需求的变更，不仅仅是完成一个项目。首先，定义项目的开发周期，然后进行软件开发和项目跟踪，而产品处于不断变化的过程中，以满足顾客的需求，图1-2显示如此。

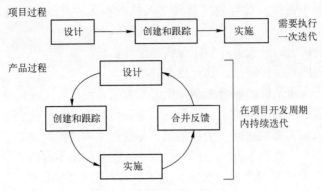

图1-2 开发项目和产品过程

实现一个项目就像建大桥，要有建筑设计规范，这在很长时间内都不会改变。项目开始之前，先按照要求进行设计，估算整个项目成本，然后跟踪执行进度，以确保在规定的时间和预算内完成，这个过程就是项目管理。

例如，开发一个面向跑步者的移动应用程序，能够在地图上显示路径并计算总里程。用户可以使用这个程序，获取许多锻炼的数据。市面上已经有几个主要功能相同，但有不同的花哨小功能的应用程序。为了竞争，任何应用程序都必须不断发展、变化，以保证用户可以使用最新的功能。小规模的迭代开发，不断地更新版本功能，立即投放市场应用，并跟踪反馈，有助于确定新功能。

软件开发项目，通常使用大型预测项目的项目管理技术，以及迭代交付敏捷产品的管理方法。这最终将项目限制在不合适的敏捷项目上。有一个使用甘特图描绘敏捷项目的例子，甘特图非常适合跟踪长期运行的项目，但当被用于跟踪一个目标不确定的任务时，就显得无能为力了。图1-3就是一个甘特图的示例。

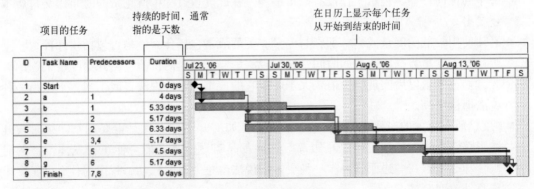

图1-3 甘特图示例

从项目管理的角度来看，若要清楚地预测具有复杂特征的项目成本，可能需要经历几个冲刺才能完成，这就是为什么这些工具最终被敏捷团队选择的原因。

1.2.3　问题：没有统一的视图来管理数据

在整个软件开发生命周期（SDLC）中会产生大量的数据，图 1-4 显示了敏捷开发团队经常使用的功能。

图 1-4　用于交付软件的系统组及功能

第一个问题就是这些功能没有任何标准。有几个项目跟踪工具，使用不同的源代码管理和持续集成（CI）系统，部署工具和应用程序监控，将根据技术栈和交付给客户的内容而有所不同。不同的系统会产生不同的报告，不汇总在一起。此外，不存在包含软件开发生命周期的所有的产品或产品组。

第二个问题是团队中担任不同角色的人，将在整个软件开发生命周期中使用不同的工具。Scrum 大师可能正在查找系统数据，而开发人员最关注源代码管理和持续集成系统中的数据。根据团队的组织结构，可能有一个特别的小组，负责监视应用程序，甚至部署代码。高管可能不关心源代码，而开发人员可能不关心总账目，但统一视图中的数据则以正确的方式呈现，这对于了解团队的表现非常重要。无论从哪个角度看，显然只有一个视图会限制处理数据的能力。

1.3　度量可以回答哪些问题以及数据来源

在上一节中，在软件开发生命周期中收集了许多数据，了解出现的故障，也有助于了解团队工作状况。接下来查看一下图 1-4 的功能以及图 1-5 回答的问题。

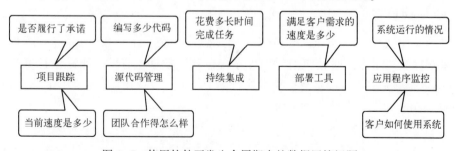

图 1-5　使用软件开发生命周期中的数据回答问题

结合了这些不同的数据点，便可以开始回答一些更有趣的问题，如图 1-6 所示。

持续集成、管理任务以及监视产生的大量数据，可以通过使用简单的应用程序接口来获取这些数据，能够更好地沟通和确定关键性能指标，并将其纳入到流程中，以帮助团队提高绩效。如你所知，反馈循环的第一步是收集数据，将其放入中央数据库，然后将图 1-4 中的功能添加到图 1-1 中的反馈回路中，如图 1-7 所示。

图 1-6　组合数据回答更有趣的问题

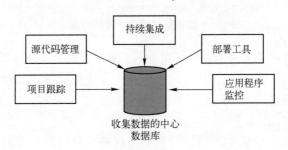

图 1-7　在软件开发过程中收集数据

可以使用以下工具收集数据：

- 语义记录和日志聚合器。
- 使用数据狗产品（www.datadoghq.com）或 New Relic Insights（newrelic.com/insights）。
- 使用像 Graphite（graphite.wikidot.com/）这样的开源数据库来收集和显示数据。
- 用于收集和分析度量数据的 DIY 系统。

如果想自己构建系统，请查看附录 A。如果还有其他一些工具，可以尽力尝试使用它们。

下面来看看从哪里获得这些数据，以及应该把它们放在系统的什么位置上。

1.3.1　跟踪项目

可以使用 JIRA Agile、Axosoft OnTime、LeanKit、TFS、Telerik TeamPulse、Planbox 和 FogBugz 来跟踪敏捷团队，通过使用应用程序接口获取数据，有助于跟踪敏捷度量。例如，希望了解团队能够完成多少故事点、正在执行多少任务，以及正在产生多少错误，可以查看一个典型的 Scrum 面板，如图 1-8 所示。

图 1-8　使用 Scrum 面板跟踪冲刺中的任务

可以用项目跟踪数据回答一些问题：

- 团队对项目的理解程度如何？
- 团队工作进度有多快？
- 团队如何协作完成工作？

项目跟踪数据在第 3 章将会深入探讨。

1.3.2　源代码管理

源代码管理出现在实际工作已经完成和开发团队相互协作的地方，可以看到哪些文件正在发生改变以及改变了多少。可以从一些源代码管理系统中获取代码评论和注释，但是在其他情况下，还需要从附加系统获取这些数据。像 Stash、Bitbucket 和 GitHub 这些工具有丰富的基于 REST 的应用程序接口，可以获取大量代码库的信息。而且仍然能够使用 SVN 或更老的版本来获取数据，只是不像使用 Git 或 Mercurial 系统那样方便。在这种情况下，可能需要使用像 FishEye 和 Crucible 这样的工具，以获取有关代码评论和注释的数据。

可以使用源代码管理回答以下两个问题：

- 代码库发生多少变化？
- 开发团队协作程度如何？

在第 4 章中将对源代码管理进行深入探讨。

1.3.3　构建系统

在执行完源代码管理之后，通常开始构建系统，集成带有多个插件的代码并进行单元测试，然后打包代码以及部署代码，最后生成报告，这一过程被称为持续集成（CI）。将会获得大量信息：团队的协调程度、集成代码的运行情况以及测试覆盖率和自动测试结果。

CI 是团队进行软件开发的重要阶段，有几个系统可以帮助快速入门，如 TeamCity、Jenkins、Hudson 和 Bamboo。一些团队在集成阶段完成以后进行 CI，并部署代码，被称为持续交付（CD）。可以在许多系统中执行 CD，也可以使用一些专门的工具，如 ThoughtWorks、Go CD、Electric Cloud 和 Nolio。

无论是否执行 CI 或 CD，都应该关注在构建代码、检查和测试阶段产生的数据。团队执行 CI/CD 过程越成熟，错误的发生就越少。

可以回答一些 CI 问题：

- 满足客户需求的估算速度是多少？
- 满足客户需求的实际速度是多少？
- 团队进行 STET 操作的协作情况如何？

若想获取更多详细信息，请参见第 5 章。

1.3.4　系统监控

一旦代码投入运行，应该对其进行系统监控，确保运行正常，若是出了问题能够及时提醒，如单击一个网站没有响应，或者用户在执行移动应用程序时出现系统崩溃现象。如果测试做得非常出色，可能会在测试阶段起到系统监控的作用，同时确保在代码投入运行以后，不会出现任何问题。

系统监控出现的问题多数是被动监测出来的，而不是主动监测的。通常情况下，所有问题都是发生在开发周期内，需要对其迅速做出处理。在程序运行环境中查看系统监控数据，当冲刺已经完成，代码也编译完成时，如果出现问题，通常会急于修复，而不是做标记，按计划处理。

如何避免产生这种问题？第一种方法就是使用系统监控，就像交付代码之前需要进行测试一样。通常，会看到类似图 1-9 所示的流程，其中一个团队在本地开发环境中执行 STET 操作，并集成测试修改后的数据，在向客户交付代码之前，QA 验证其是否满足客户需求。

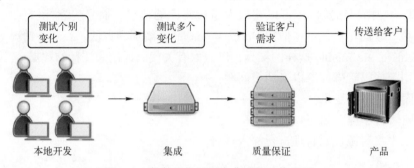

图 1-9　软件开发过程中典型的工作流程

因为团队通常有多个开发环境，为了主动进行系统监控，应该在软件开发的某个阶段，最好是在集成和/或质量保证阶段进行。

第二种方法是仅向少数客户发布新代码，并监控客户的操作对系统的影响。敏捷团队在此执行的 CD 操作，通常被称为金丝雀部署。

根据部署的平台，可使用不同的工具来监视系统，如 New Relic、AppDynamics 和 Dynatrace 都是比较好的工具，这部分内容将在第 6 章详细讲述。

到目前为止，能看到所有关于团队以及合作情况的数据，但是要区别使用这些数据，因为敏捷领域的核心度量是相对的。

可以使用监控系统回答以下两个问题：

- 代码功能是否符合要求？
- 软件是否满足客户的要求？

1.4　分析数据以及如何应用这些数据

反馈循环的第二步是分析，或者说是清楚地知道收集数据的目的，可以在此提出问题，寻找趋势，并将数据点与行为相关联，从而了解团队绩效趋势隐含的内容。

这一步的主要工作是收集所有数据，并进行计算，如图 1-10 所示，确定从组合数据点获取信息。从试图回答的问题开始是最好的，反思一下提问题的理由，这有助于分析问题、解决问题、跟踪问题。当尝试寻找要追踪的度量时，很容易掉入一个陷阱，要当心。在考虑有关度量的时候，要坚持即时（Just in Time）的原则而不是以防万一（Just in Case）。图 1-10 显示了 X，其中 X 就是想要回答的问题。

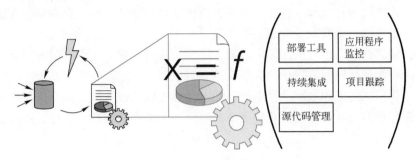

图 1-10　X 值，在此能够获得组合数据

1.4.1　弄清楚重要问题

虽然现在收集了许多数据，但是不知道如何使用这些数据以及应该跟踪哪些度量。作者在寻找构成思维导图的度量时，发现一个有用的策略。

思维导图是一种头脑风暴技术，从一个想法开始，然后持续解构，直到分解成小的元素。如果不熟悉思维导图，可以使用 XMind（www.xmind.net/）工具学习。

现在举一个简单的例子，"理想的速度是多少？"，可以把它分解成更小的问题：

- 当前速度是多少？
- 是否正在产生技术债务？
- 公司中的其他团队如何分工？

在此能够把大问题分解成小问题，更好地了解数据的来源。一个思维导图的示例如图 1-11 所示。

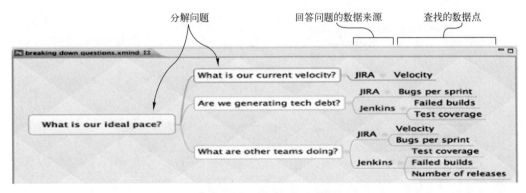

图 1-11　使用 XMind 分解问题

通过研究项目，映射和定义问题，就可以收集定义度量的数据。

1.4.2　可视化数据

公司所有人都使用命令行查询数据，但这可能不是最佳的沟通方式。日常业务离不开数据，现在又有许多可视化框架。理想情况下，应该使用分布式系统，允许每个人通过访问图表、图形、仪表板等，来获取他们想要的数据。

请记住，能够使用多种方法来显示数据，以及使用统计数据证明不同的观点。可以通过数据显示，尽可能清楚地回答提出的问题。请看一个例子。

如果想了解团队的工作效率，就应该先知道已经完成的任务数。测量任务数量的问题在于，少数非常困难的任务可能需要花费更多的时间。为了平衡这种可能性，可以在冲刺中添加完成这些任务的工作量，如图 1-12 所示，含有故事点。

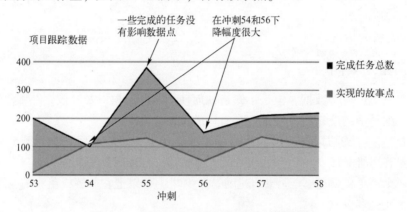

图 1-12　团队在几个冲刺中的项目跟踪数据

看看冲刺 54 和 56 周围的波峰！显而易见地出现一个问题。开发团队的工作真的很辛苦，但这张图似乎没有准确显示他们实际的工作量。接下来在同一时间段内，看一下源代码控制中究竟发生了什么，如图 1-13 所示。

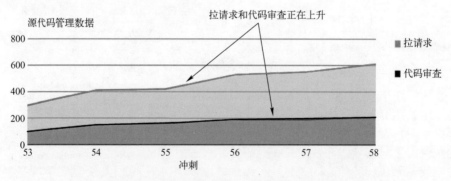

图 1-13　团队在几个冲刺中的源代码管理数据

随着时间的推移，开发团队似乎有更多的工作要做！虽然可以编写更多的代码，且相对于正在完成的任务，错误数相当稳定，但是与交付的工作量并不一致，真正出现了什么问题？却没有答案，但是有足够的数据可以提出更多的问题。

1.5　应用经验教训

在反馈循环中应用经验教训非常困难，因为它暗示着要改变团队行为。换句话说，收集和分析数据是技术问题，而人的问题却是最难的。当开发一个软件产品时，可以不断完善代码，但是改变团队的行为却不容易。

当想要改变不好的东西时，很容易发现是别人造成的，但是谁愿意被指正呢？关键是要保持一个开放的心态，记住我们都是人，都会犯错，我们有能力提高自身素质。当事情不完美时，有机会使它变得更好。

当想要做一些改变的时候，要专注变化中的积极方面，而不是消极地回避，要努力做到更好，而不是逃避问题。

始终远离责备和指责。一个很好的工具能够充分利用所收集的数据，但是许多人由于误解度量，而害怕使用它。一个简单的例子就是度量开发团队编写的代码行数（LOC），LOC不能代表一个开发人员的工作量，开发工具可以自动生成大量代码，花一段时间来调试一个极其复杂的算法，可能只有非常少的 LOC。在这种情况下，大多数开发人员会认为较少的LOC 会更好（除非和之前的开发人员交谈过）。理解收集的数据并看清楚任务变化的趋势，这一点非常重要，若用来衡量自己的团队的绩效，则会更容易一些。如果开发效率每周三都下降，不要害怕，也许有一些很好的理由。重要的是，每个人都知道发生了什么变化，都专注于改进，以及如何衡量自己期待看到的改变。

1.6　取得所有权以及衡量团队

开发团队应该使用易于获取和沟通的度量来跟踪自己的工作。敏捷框架具有自然暂停的功能，可以利用此功能来检查和调整团队的开发工作。在这一点上，应该衡量团队的工作方式。现在就鼓足干劲开始度量吧！

1.6.1　达成共识

可以利用收集的数据进行度量，但最好与团队合作，达成共识。用这些度量来衡量整个团队，重要的就是让每个人都了解自己所做工作的内容、目的和意义。

引入之前讨论的做法，让团队随时准备进行更好的性能跟踪，或许团队会在了解 STET 工作原理方面有所突破。这可以发生在冲刺结束时、在版本开发完成之后、在周末、或者一天工作结束的时候。需要向团队深入地介绍这些做法。

下面来看一个使用 Scrum 的团队，该团队似乎不能保持一致的开发速度。Scrum 主管正跟踪冲刺中的故事点，并在冲刺完成后将它们描绘出来，如图 1-14 所示，但这样看起来并不好。

在向领导展示团队冲刺完成的故事点以后，每个人都认为团队需要更加团结一致，并且对于出现的问题，想要查找原因。因此开发团队决定收集所有开发人员的数据，查看是否有需要帮助的人。他们发现团队 1 的开发成员乔，在故事点下降期间没有出现在图表中，如图 1-15所示。经过深入分析之后，了解到乔拥有丰富的软件开发知识，在此期间曾经帮助多个团队开发了不同的产品。他的贡献实在是太大了，但看起来好像表现不佳。

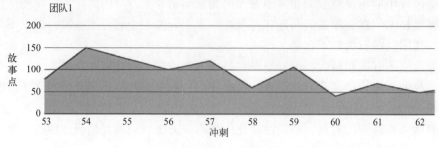

图 1-14　团队 1 完成的故事点

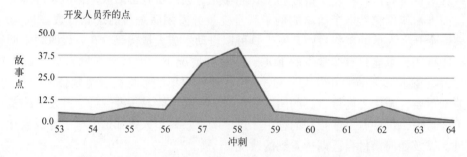

图 1-15　图中没有显示开发人员乔的故事点，团队表现不佳

在这种情况下，很容易说明对多个项目的交付伤害了个别团队，显然乔在开发其他团队的产品时效率更高。人们通常希望展示这种情况：个人表现得很好，但由于一些外在的因素，却影响整个团队的开发效率。如果一个人正在被测量，那么应该告诉这个人所有事情，在这种情况下，团队应采取行动：让乔去帮助一个团队，协助实现其目标，但是在交付产品的时候，不要让工程师受到伤害。

很容易收集数据，不需要从产品发起人那里购买，请记住很容易收集度量数据，不需要获得许可或使用其他资源。如果能利用收集的数据发现问题，制订相应的解决方案，改善代码交付的过程，才会显现出数据的真正价值，产品发起人也会十分高兴。在此，最好是和发起人共享收集到的数据，向他们展示所了解的项目，而不是在着手做之前试图解释打算做什么。

1.6.2　度量的反对者

小组中可能有人反对度量他们的工作，通常来自无知的恐惧、担心有大麻烦或者缺乏约束。重要的是团队应该度量自己，不应该让外人或其他系统评价。谁都想做好，但没有一个人是完美的，可以通过学习一些知识来提高自身能力，然而，在已经实施了这些技术的一些团队中却听到了一些争论：

- 人们不愿意被度量，当还是小孩子的时候，家长/监护人告诉我们，在哪些事情上做得对或错，在学校里，所做的任何事情都被分成等级，当出去找工作的时候，又被竞争对手度量，获得工作的时候，又被不断考核。所以逃避不了度量，问题是想自己来度量还是让别人来做？
- 度量侵犯了个人的隐私。独立开发人员使用源代码管理。最小的团队执行项目跟踪代码，在理想的情况下，执行某种 CI/CD 来管理代码。度量的数据已经产生，而且每天都在增加，这对软件开发十分重要。在反馈过程中整合度量数据有利于提高开发能力，并不是侵犯隐私，而是确保在敏捷开发的道路上能够进行有效的管理和消除障碍。
- 度量加重了过程。如果有的话，度量可帮助改进过程。如果选择正确的数据，就会发现部分过程负担太重的原因，如何简化过程，可以使用度量追踪过程。如果感觉使用度量会加重过程，那是因为有人在收集数据，手动创建度量。有一个提高过程的好机会，可以通过收集自动度量的数据和发布报告来实现。
- 度量需要花费太多时间来做，比较困难，但是也有容易的方法，如使用即插即用技术快速获得度量数据。在附录 A 和附录 B 中，概述了可以使用开源工具，很轻松地从现有系统获得度量。关键是要利用好所收集的数据，充分发挥度量的价值。

1.7　小结

本章讲述了度量团队和过程的数据来源，以及如何处理数据。读者在此学到了：
- 度量敏捷开发并不简单。
- 把从几个系统收集来的数据用在 SDLC 中，就能回答简单的问题。
- 使用 SDLC 中多个系统的数据，可以回答大问题。
- 通过使用思维导图，可以将问题分解成足够小的数据块，利于收集数据。
- 使用简单技术度量敏捷性能并不困难。
- 向队友展示度量，可以轻松地展示其价值并促进认同。
第 2 章通过对一个案例的研究，读者将会看到团队应用的第一手资料。

第2章
现场观察项目

本章导读：
- 跟踪多个开发项目的进展情况。
- 使用 ElasticSearch（EC）和 Kibana 进行跟踪和可视化度量。
- 将沟通进展情况反馈给领导。
- 使用数据来改善日常操作。

在第1章中，讨论了一些敏捷开发的概念，并了解了如何度量一个团队，以及概述了如何解决出现的问题。现在通过一个案例研究，了解一个团队如何把这些概念付诸实践。

2.1 一个典型的敏捷开发项目

软件开发非常灵活，并且变化很快，每个项目都不相同。

有一家名叫 Blastamo 的音乐公司，它的主要业务是制造吉他板，正使用由公司自己的开发团队开发的电子商务网站。开发团队的领导很重视这个网站的功能。在公司发展过程中，通过用软件替换踏板中的电子元件构建了更好的产品，并且收购了几家小公司，获得许多技术和资源。

2.1.1 Blastamo 音乐公司使用敏捷度量

与许多团队一样，案例研究使用的敏捷过程不是教科书上的，而是具有一定的实践意义。Blastamo 团队使用基于 Scrum 的敏捷过程，在卡片上标记预估和完成的任务，在一个任务板上描述任务的转换状态，以及团队之间的转换过程。卡片的使用流程如下：
- 定义——产品所有者定义卡片。
- 开发准备——定义卡片并准备编码。
- 开发过程中——开发人员进行编码。
- QA 准备——开发完成等待 QA 团队成员检测。

- QA 工作中——QA 团队成员正在检测。
- 完成——产品功能符合要求。

团队使用的系统与工具如图 2-1 所示。

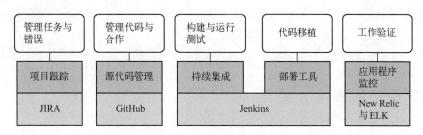

图 2-1　Blastamo 团队使用的系统与工具

敏捷开发小组使用 JIRA（https://www. atlassian. com/software/jira）管理表示预估和工作任务的卡片，使用 GitHub（https://github. com/）管理源代码，使用 Jenkins（http://jenkins-ci. org/）管理 CI 和系统部署，使用 New Relic（http://newrelic. com/）管理应用监视以及使用 Elasticsearch/Logstash/Kibana(ELK)（www. Elasticsearch/ overview/）分析开发日志。

2.2　产生的问题

在一次收购中，团队获得了一款功能强大的电子商务软件，从而补充了当前网站的许多功能。从管理的角度来看，新软件会极大地提高开发效率，开发团队很兴奋地使用了前沿技术。

起初，系统集成似乎很简单。开发人员集成新系统与现有的系统，并进行测试及相应的修改。产品发布后，测试团队注意到开发日志中的错误明显增加，在图表中显示的信息有点像图 2-2。

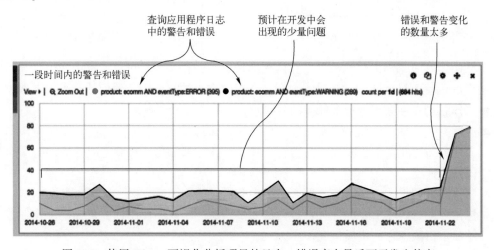

图 2-2　使用 Kibana 可视化分析项目的日志，错误率在最后两天发生偏离

17

测试团队警告开发团队，开发团队介入并对问题分类。开发团队很快注意到，集成新系统并不像他们所想的那么简单。集成以后的应用程序在一些环境中运行，可能会产生很大的问题，需要代码重构去解决。开发团队向领导层建议，他们需要花费时间重构应用程序的核心组件，通过创建接口、重建有问题的单元模块以及更新组件，以确保系统稳定、可靠。

领导层同意该建议，但不希望对新功能的开发产生不利影响。他们密切关注这两方面的工作，要求开发团队提供尽量多的数据，以防出现其他问题，能做出最佳解决方案。

2.3 确定最佳的解决方案

使用具体数据反映开发团队的成就和进步，有以下两个问题：

- 如何显示团队的工作量？
- 如何显示团队的工作类型？

领导团队提出了解决新的电子商务组件的问题，但他们想要同时获得新的功能。为了表明这两方面进展情况，开发团队阐述了他们的工作内容以及工作量。

开发团队首先需要知道数据来源，如果开发的系统跟之前交付的系统一样，他们就会获得所有的数据。因此，团队应该优先关注项目跟踪和源代码管理这两点，如图 2-3 高亮的部分所示。

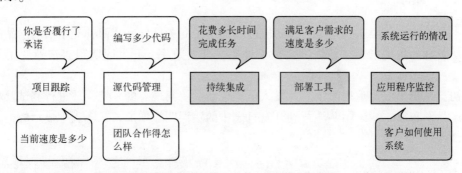

图 2-3　使用项目跟踪和源代码管理查询团队的工作类型、工作量和目标

团队决定查看每周汇总的数据。在两周的冲刺中，在必要时可以调整中间位置显示的数据，结束的位置上显示冲刺结束时的数据。在跟踪项目的过程中，他们捕获了如下数据点：

- 工作总量——完成卡片上任务的工作量。
- 速度——计算完成任务需要花费多少时间，在每一个冲刺开始之前，团队应该估算完成任务需要花费多少时间，并写在卡片上。通过累加每个冲刺完成任务的时间，计算团队的速度。
- 错误——如果重构做得好，那么系统中的错误数就会减少。
- 标记——有两项重要的任务：重构和开发新功能。他们使用标签来标记工作任务，能够显示每项工作的进展情况。
- 重复率——卡片在工作流中向后移动的速率。如果任务完成，但有缺陷，则返回任务重新执行，这会导致重复率上升。如果使用 B 表示卡片向后移动的次数，F 表示卡片向前移动的次数，则可以使用公式(B/(F+B))×100 计算重复率。

注意，完成任务的最大重复率为 50%，这意味着卡片向前移动的次数与向后移动的次数相等。

这些数据点能够完整地描述项目跟踪系统（PTS）中的活动。团队决定从 SCM 中获取以下数据点。

- CLOC——代码库自身的变化总量。

开发团队已经在使用 ELK 分析日志，领导层决定使用该系统绘制数据流图。因此，他们需要使用一种方法来获取从 JIRA 和 GitHub 到 ElasticSearch（EC）的索引及搜索的数据。

JIRA 和 GitHub 有许多 API 接口。开发团队决定使用内部程序的 API 来获取数据，并发送给 EC。该架构如图 2-4 所示。

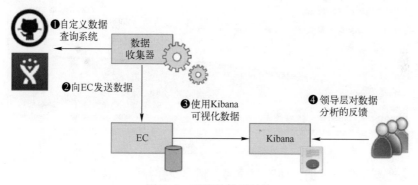

图 2-4　系统的体系结构

注意，在附录 A 中能够找到如何设置 EC 和 Kibana，执行该程序能从源系统中获取数据，在附录 B 中能够找到 EC 的索引数据。

如果开发团队开始收集数据，则会使用熟悉的 Kibana 进行日志分析和数据挖掘。

他们在新操作模型中收集了冲刺数据，并回溯冲刺以获得分析基准。这些数据显示在图 2-5～图 2-7 中。

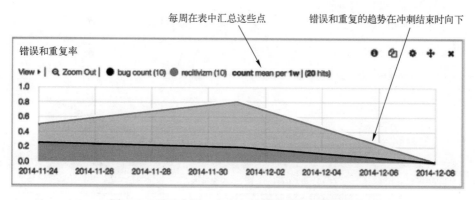

图 2-5　显示在同一方向上的错误和重复率的趋势

19

用标签分割数据，允许单独跟踪每一个速度　分割以后，速度开始下降一点

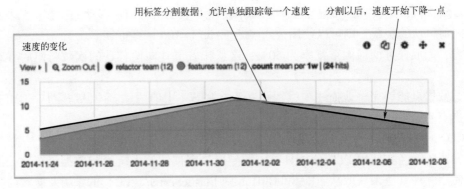

图 2-6　分割完数据后，速度的变化情况

Y轴以千为单位　　　　　　　　　　修改代码的行数在增加

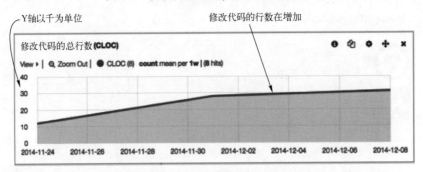

图 2-7　显示一段时间内代码的变化情况，Y 轴以千为单位

开发团队已经在整理数据，便于领导层看到客观存在的问题。

2.4　分析和呈现数据

开发团队注意到的第一件事情就是开发速度下降了，这可能是预期的，因为他们将注意力集中到一个新的工作模式。他们将分工合作，他们之间会有一个很好的，甚至速度的分配，这是他们想要的。如果能保持这个状态当然很好，但当下一个冲刺结束时，看到了不好的趋势，如图 2-8~图 2-10 所示。

重复率平缓上升而错误大幅上升

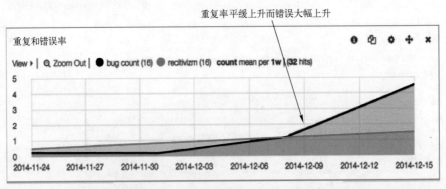

图 2-8　重复率在下一个冲刺平缓上升，而错误数量大幅上升

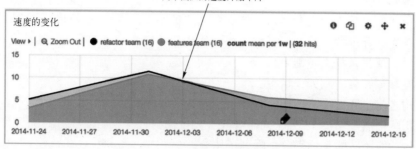

图 2-9　两个团队的速度开始下降

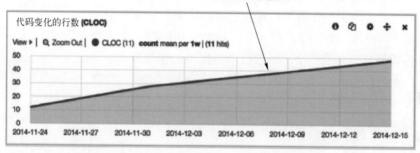

图 2-10　两个团队修改代码的数量在暴涨

开发团队关键要注意：

- 速度又下降了，这表明他们仍然受到工作分工的影响，无法调整开发速度。
- 开发新功能的速度快速下降，这表明重构严重影响了团队交付新版本的时间。
- CLOC 正在上升，因为团队正在修改大量的代码。
- 组合重构和开发新功能会导致产品的错误数和重复率上升。

由此可见，重构对代码影响很大，会遗留许多错误。由于基础工作没有做好，因此开发新功能的速度会很慢。

团队需要对发现的问题进行修改，大家聚在一起审查错误列表，确定问题产生的原因，并验证或反驳假设。当团队实施重构、修改部分代码时，会产生其他故障。若集成产品之前不进行单元测试，则会导致重构代码交付后才发现错误，形成一种打地鼠局面，修复一个问题，接着又会出现更多的问题。

2.4.1　解决问题

团队必须进行以下修改，才能恢复项目正常运行：

- 确保对整个应用程序进行自动化测试，以防止代码重构之后产生新的错误，这有助于尽快发现问题，避免出现打地鼠现象。
- 停止构建至少一个冲刺的功能。
- 在重构稳定的基础上再开发新功能。
- 对于虚拟化后端服务，重构期间可以开发面向对象功能。

服务虚拟化

服务虚拟化能够隔离开发和测试，重建系统。实际上，团队能够模拟所要构建的虚拟化功能的依赖关系，并进行构建及测试该功能，然后部署它。当团队需要快速迭代，构建面向客户的功能时，使用该技术特别方便。

根据这些数据，会看到如下情况：

- 在重构之前，开发团队平均得分是 12 分/开发员/冲刺（pds）。
- 重构团队仍然平均得 12 分，同时修改了大量代码。
- 构建新功能团队的平均得分下降到了 4 分。
- 根据这些结果可以得出以下结论：考虑到他们的开发效率下降到之前的 1/3，如果停止前两个冲刺的工作，使用之前的平均开发效率来做第三个冲刺工作，那么所花费的工作量等同于使用 1/3 的平均开发效率进行 3 个冲刺工作。
- 基于当前的速度，他们推断出需要对这个重构进行 3 次冲刺。

他们认为如果重新对前两个冲刺进行自动化测试和虚拟化，就很容易恢复到之前的平均开发效率，从而能够高效、尽早地发现在开发周期中的错误。现在他们必须说服领导层，停止开发这两个冲刺的功能。

2.4.2 为领导可视化最终产品

对于如何改变工作方式，开发团队有自己的观点，也有数据来支持。他们认为领导在查看有价值的图表时，需要提供一些背景信息，否则会感到困惑。另外，他们也认为应该将数据转化成度量，衡量领导所关心的高级数据点，并将它们显示到仪表板上。

为了支持他们的观点，他们将数据分解成以下几类：

- 分解之前团队的速度。
- 在重构期间，开发团队每人的平均速度都下降了。
- 分解后，每个冲刺的错误数量增加。
- 测试的好坏直接影响错误的数量。

一旦开发团队呈现了所有的数据，他们就会建议领导放弃开发前两个冲刺的功能，以便恢复到之前的开发效率。鉴于此，他们没有任何损失。

团队领导为他们今后的工作指明了方向。

创建面向特定用户的仪表板

当需要可视化探索数据时，第 9 章中会详细介绍创建仪表板和组织间的沟通。在这个实例中团队使用了特定的数据进行演示。

开发团队在数据可视化方面取得了成功。在没有相关知识的前提下，他们试图获取代码库的属性信息，因此做了一个显示 CodeFlower 代替代码库的实验。

将 CodeFlower 作为一个新视角

可以采取不同的方法操作 CodeFlower 来可视化代码库，在第 9 章的后半部分会对不同数据可视化和通信可能性做详细介绍。

首先，开发团队对一个新建的、模块化的和测试良好的 Web 服务项目进行 CodeFlower

操作，产生如图 2-11 所示的花瓣。

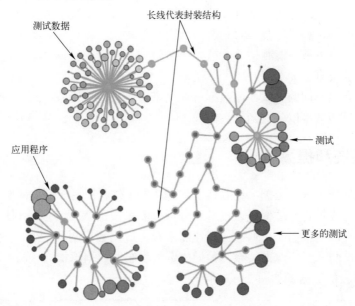

图 2-11　对代码库进行 CodeFlower 操作

注意该操作几个有趣的点：

- 应用程序本身有封装结构。
- 有一些功能测试。
- 有大量的测试数据，可以进行场景测试。

对原来电子商务应用程序代码库进行 CodeFlower 操作，其摘录如图 2-12 所示。

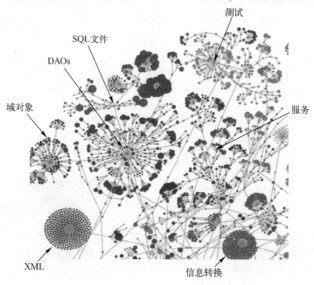

图 2-12　CodeFlower 操作摘录

这个代码库有几点需要注意：
- 代码库规模很大，意味着很难维护和部署。
- 有一些 XML 和 SQL 文件很难维护。
- 有一些测试但不是功能测试。
- 封装结构复杂，连接不太好。

开发团队正在以不同的方式使用数据可视化来塑造它们的运作方式，并且能够将其转化为实时数据，领导团队可以随时随地查看。

2.5 构建系统和提高过程

在展示了如何使用这些数据来更好地了解团队的工作状况后，开发团队决定使用更多的数据，以便生成最终报告。他们正通过日志分析查看系统的表现，以及利用 PTS 和 SCM 系统来度量团队的性能。他们希望通过提高速度来减少应用程序对客户需求变更的响应时间。为了了解项目进度与项目跟踪的关系，他们决定将发布的数据添加到这两个组合中，以获取 CI 阶段和部署阶段的数据，如图 2-13 所示。

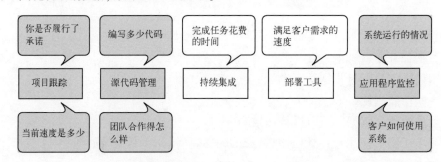

图 2-13　通过添加构建和部署系统的数据，开发团队可以分析发布日期，
跟踪并调整影响交付时间的过程

因为使用 CI 能够生成代码，所以需要从之前部署的作业中获取构建信息，并对其分析。这些信息通过仪表板显示出来，如图 2-14 所示。

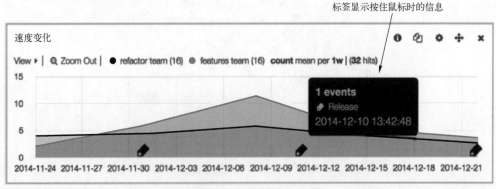

图 2-14　仪表板显示进程如何影响代码的生成速度

随着时间的推移，发布的数据可以显示开发团队的变更过程对发布产生多大影响，以及是否影响了每个冲刺的执行。现在有一个仪表板储存了团队日常工作的大量数据，可以通过它来查看团队的运行状况。

2.5.1 使用数据改善每天所做的事情

一旦能够显示所收集的数据，他们希望能够引起开发团队每个成员的注意。他们要求每个人能够上网连接仪表板，不开会也能知道项目的进展情况，另外，使用仪表板查看冲刺的情况，不断地讨论受到过程变化影响的度量。

他们一直围绕着第 1 章讨论的反馈循环开展工作，具体如图 2-15 所示。现在开发团队已经做了一次循环，接下来就是循环频率的问题。由于数据是自动收集的，因此他们可以随时使用这些连续的数据。他们决定按照指定的路线执行冲刺，在每个新冲刺开始之前都进行分析和应用该路线。

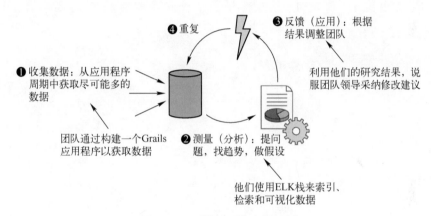

图 2-15 反馈循环的应用示例

收集和分析数据之前，他们只是跟踪每个冲刺的速度，以确保任务完成率与目标保持一致。数据挖掘做得越好，就越能更好地洞察一个团队的运行状况，并且做出最好的评价。当问题出现时，通过查看数据，找出产生问题的原因，而不是仓促地做出决定。当他们想给领导提建议的时候，知道采用何种方式来表达他们的观点。

这样做的积极作用就是，他们感觉可以在开发过程中进行自由试验。因为系统允许对所做的修改进行测量，只要能够测量假设，团队便可以采纳成员提出的任何建议。

2.6 小结

在本章中，通过实施敏捷度量系统来跟踪一个团队，并展示了他们如何使用该系统。在案例研究中，开发团队使用了以下技术，读者可以使用这些技术来度量和改进自己的团队：

- 从自己拥有的数据开始。

- 使用自己所熟悉的框架进行构建。
- 围绕自己想要回答的问题收集框架数据。
- 当发现负面趋势时，确定可以度量的解决方案。
- 可视化自己的数据，以便进行沟通。
- 开发团队拥有更多细节，他们将会更好地了解和处理变化的趋势。
- 团队之外的人（如领导层）通常需要汇总好或已可视化的数据，而不需要分析数据的过程。

第 2 部分

收集和分析团队的数据

在第 1 部分读者了解了创建和使用敏捷度量的概念，知道数据的来源以及一个团队如何进行敏捷度量。在第 2 部分读者将了解在开发周期中如何获取数据的详细信息，并将数据可视化。读者将学会如何最大限度地利用系统数据，洞察团队的表现，以及了解每个系统的度量数据类型。

在第 3 章中开始收集团队以及项目跟踪系统（PTS）的数据，了解任务类型、估算以及如何度量工作流。

第 4 章讲述从源代码控制管理（SCM）系统中获取数据，分别介绍集中式和分布式系统的特点，如何最大化地利用系统数据以及进行关键度量。

第 5 章讲述从持续集成（CI）和部署系统中获取数据，并根据 CI 系统数据、部署和自动测试的结果来分析这些数据。

第 6 章讲述从应用程序性能监控系统（APM）获取数据，以及使用不同类型的数据和工具来了解系统的运行状况。

每章都有一个案例研究，读者能够看到本章技术的实际应用。

第3章
项目跟踪系统的趋势和数据

本章导读:
- 一个项目跟踪系统的原始数据所传递的信息。
- 利用项目跟踪系统（PTS）收集数据，并深入了解项目的进展情况。
- 如何将 PTS 数据用于度量收集系统。
- 从 PTS 数据获知以后的趋势。
- 项目跟踪数据的局限性。

反映团队绩效的数据能够从 PTS 找到。通常 PTS 包括 JIRA、Trello、Rally、Axosoft On Time Scrum 和 Telerik TeamPulse，可以定义和分配任务、输入和标注错误、估算任务完成的时间。项目的 PTS 实际上就是时间和任务的交汇点，图 3-1 显示了 PTS 在应用程序交付生命周期范围内。

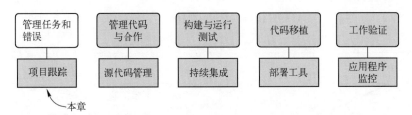

图 3-1　在 PTS 中定义和分配任务，管理错误和安排任务时间

从 PTS 看到的趋势很大程度上反映了团队的表现，通常被团队用来跟踪项目进展情况，这是一个好的起点。

团队能够使用 PTS 跟踪时间和任务，可以用它来回答以下问题:

- 团队对项目了解的情况如何？
- 团队工作进展的速度如何？
- 团队是否协调一致完成了工作？

但是要想全面回答以上问题，需要使用一些额外数据，有以下几种情况:

- 团队工作的困难程度。除了使用 PTS 数据，还需要使用源代码管理数据，才能更好地了解团队的工作情况。
- 谁是团队最好的成员？PTS 数据不全面，还要包含源代码管理数据和开发监控数据。
- 开发的软件是否好用？主要使用测试结果数据、监控度量数据和源代码管理数据来度量软件质量，但是 PTS 数据有助于展示团队在创建高质量软件方面的效率。

为了获取最有价值的信息，首先应该制订指南以帮助收集数据。

估算一词

在本章和整本书中，谈论很多估算。对于敏捷团队来说，估算不仅预测项目完成的时间，也鼓励团队更深入地了解客户需求，做好项目设计，在承诺的时间内实现目标。读者会注意到，在后面几章结尾的案例研究中将出现估算，将其与其他数据结合使用，能够全面了解团队的运行情况。因此鼓励所有的开发团队都要进行估算，即使之前没有做过，也希望能引起足够的重视。

3.1 使用 PTS 数据的典型敏捷度量

下降和速度是跟踪敏捷团队的两个最重要的度量，都来源于估算。下降表示一段时间内完成的工作量，包含完成估算任务总数的工作量，以及完成估算平均任务数的工作量。比较之前制订的时间表，会发现几乎所有的任务都是按照这个时间表完成的。如果尝试使用 PTS 的即插即用功能，就会将下降和速度写入敏捷报告。

3.1.1 下降

图 3-2 显示了一个示例的下降趋势，在这个图表中，一条完美的指导线随着时间的推移而下降，其余值表示当前时间内未完成的任务数量。

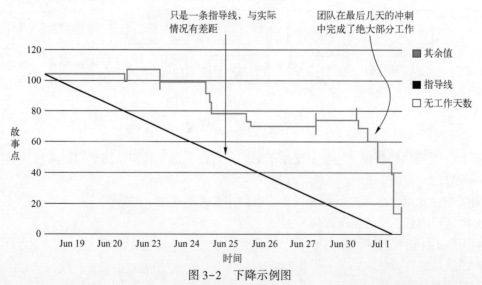

图 3-2 下降示例图

下降非常受欢迎，但依据敏捷开发的经验来说，其价值有限。永远不会有一条平滑的曲线，即使它的价值被高估了。事实上，许多 Scrum 主管不赞成使用下降图，敏捷团队也很少使用它，因为不会从下降图中获取全部想要的数据。

3.1.2　速度

速度是一个相对的度量，可以使用它来跟踪团队的预算。定义速度的出发点来自于团队能始终如一地执行工作计划。一个速度的示例如图 3-3 所示。

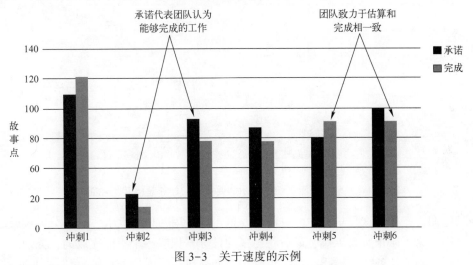

图 3-3　关于速度的示例

可以根据任务估算值与实际执行的情况来计算速度，可以用它来衡量：

- 团队估算的准确性。
- 团队成员的工作状况。
- 团队承诺的执行情况。

尽管速度是一个重要的敏捷度量，但由于具有相对性，因此很难用来确定问题的来源。如果速度不一致，则有可能出现一些问题，如：

- 团队没有做好估算。
- 团队的承诺出现问题。
- 可能在开发周期中间阶段出现问题。
- 可能遭遇棘手的技术债务。

可以使用速度隐含的关键数据点帮助团队估算任务。在本章的后面，将这些关键数据点与第 7 章中的其他数据点分开。

3.1.3　累积流量

累积流量显示将各种类型的任务分配给团队，当一项任务比其他任务增长得快时，可以使用累积流量图来形象地描述过程中的瓶颈。这时会看到一个示例的累积流量图，如图 3-4 所示，团队几乎完成所有任务，然而突然要做的任务上升很快。

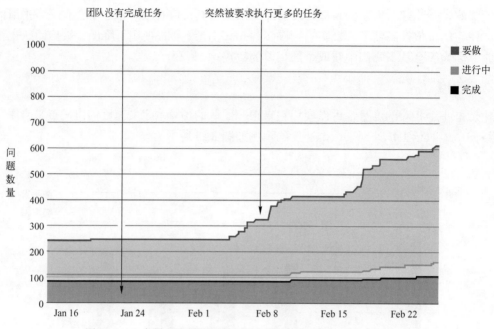

图3-4　一个累积流量图显示团队要完成的任务超出其实际能力

与其他图表一样，这只是其中的一部分。这可能是因为任务太大，需要分解成较小的任务，也可能因为团队正努力工作，最后将更多的任务累积成一个不能完成的任务。

当执行正确的任务时，累积流量会很有用，如果执行集成任务，则看到图中某一处开始扩大，就应该知道该处出现了瓶颈。

3.1.4　交付时间

交付时间是执行任务所花费的时间，使用 Kanban 的团队专注于吞吐量，因此他们通常很重视交付时间。执行任务的速度越快，可以实现的吞吐量会越高。一些 Scrum 团队使用速度和交付时间，因为能从这两个度量获取不同的信息：通过速度了解团队完成承诺的工作量，通过交付时间了解完成工作所花费的时间。

问题是团队经常不关心交付时间的组成，包含创建任务、定义任务、实施任务、测试任务和发布任务的时间。如果不能分解交付时间，就很难优化它。后面的章节中将探讨分解交付时间。

交付时间是度量团队效率的一个好指标，如果团队对所构建产品拥有所有权和设计权，那么通常不会有如此简单的交付机制。事实上，如果自动化程度很高，则对于较小的任务不需要估算，或者一个人也不需要。

如果团队正在执行 CD，并衡量传输过程中各个部分的效率，那么交付时间就是一个非常有价值的度量，也是衡量团队传输效率的指标。

3.1.5　错误计算

错误在软件开发中的含义不一致，不同的团队对错误的定义不同，范围从应用程序规范到开发完成以后的注意事项。

　　根据团队的协作方式，错误会在不同的时间突然出现。例如，含有嵌入式质量工程师的团队在开发完成一个功能之前，可能不会出现错误，因为在产品发布之前，已经解决了潜在的问题。一个拥有质量保证小组的团队最终会提交故障清单，因为测试与功能开发交叉进行。

　　图 3-5 显示了跟踪错误的两个不同的表，因为错误代表团队不希望软件做的事情，团队应该努力降低错误数量，以提高软件质量。

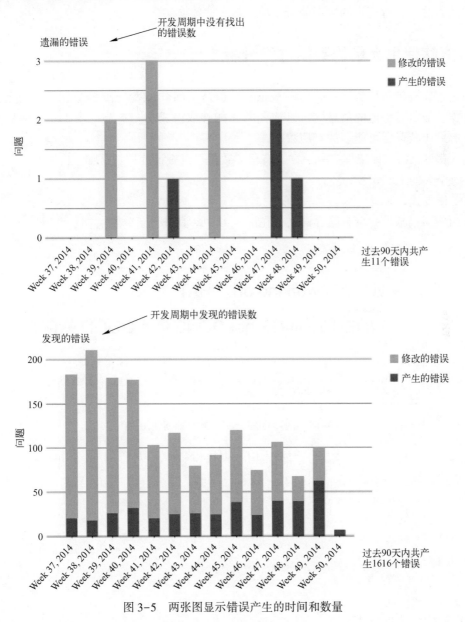

图 3-5　两张图显示错误产生的时间和数量

错误可以按严重性进行划分。一个不严重的错误，可能是没有在网站的页脚上使用正确的字体。当客户登录系统时，一个严重或是重大的错误可能会造成系统崩溃。如果所有的错误都不严重，团队可能愿意发布这样的软件。

错误的不一致也是一个比较严重的问题，对于设计人员来说，页脚中的错误字体或许是一个致命错误，但是开发人员关心功能的实现，这或许不是问题，因为每个人看问题的角度不同。

即使测量相对的数据，也可以使用这两个图表。优于标准的 PTS 图，用户能够使用几个最好的方法，进行充足的数据分析，最终与其他数据整合。

3.2　能够使用大量的数据进行分析

请记住，分析数据依赖所收集的数据，可以从 PTS 中收集想要的数据。只有通过分析这些数据获取最有价值的信息，自己或团队才能够取得成功。本节提供了一些使用 PTS 的提示，有助于获取尽可能多的有用数据。

绝大多数 API，像工作列表一样，有很多数据可以查询使用，例如：

- 每个人的工作职责。
- 工作方式。

这两句话很常见并带有隐含语义，在图 3-6 中对其进行了分解。

图 3-6　解析加载的单词，解释如何使用 PTS

应该在任务中查找以下数据，对其索引、查找和聚合，以便更好地分析数据：

- 用户数据。
- 执行任务的负责人。
- 安排任务的负责人。
- 制订任务的负责人。
- 时间。
- 任务开始时间。
- 任务完成时间。
- 最初估算的任务量。

谁、什么时间以及干什么是本章关注的重点，一些原始的数据在清单 3.1 中显示。

清单 3.1　典型的 API 响应中的原始数据摘录

```
{
    "issues": [
        {
            "key": "AAA-3888",                              ──What
            "fields": {
                "created": "2012-01-19T14:50:03.000+0000",
                "creator": {
                    "name": "jsmit1",
          Who       "emailAddress": "Joseph.Smith@blastamo.com",   When
                    "displayName": "Smith, Joseph",
                },
                "estimate": 8,
                "assignee": {
                    "name": "jsmit1",
          Who       "emailAddress": "Joseph.Smith@nike.com",
                    "displayName": "Smith, Joseph",
                },
                "issuetype": {
                    "name": "Task",
                    "subtask": false              What
                },
```

3.2.1　提示 1：确保每个人都使用 PTS

这个提示似乎很明显，如果想确保从系统中获取数据，就得使用 PTS。尽管许多团队使用网络进行项目跟踪，但仍然会看到墙上粘着的便笺，使用电子邮件沟通问题，跟踪任务和设计测试用例的电子表格，以及其他协助管理的通信系统。团队收集数据的时候可能会受到其他系统的影响，如果真想挖掘团队的功能数据，必须使用 PTS，否则，会使收集数据工作变得非常烦琐、耗时，最好是花时间分析数据而不是收集数据。

当团队成员不集中在一起工作时，使用 PTS 很重要。敏捷开发倾向于团队工作地点固定，从而使交流和协作变得容易，并希望每个人在规划、估算和回顾会议期间做出贡献，但是许多公司的开发团队遍布世界各地，不可能固定在一个地方。如果是这种情况，就要确保每一个人以相同的方式使用同一个系统。

为了能够跟踪团队所做的工作，应该制订任务计划，确定有能力创建一些有意义的任务。

当创建任务时，要记住任务不是几天就能完成的。如果团队估算了一个用几天时间就能完成的任务，那么通常意味着时间把握得不准确，或者错误地理解成单一的任务。作者曾经看到有的团队低估了 50%的工作时间。

将大的任务分解成小的任务，以一种有意义的方式跟踪任务的完成情况，便于开发团队了解在任务移动过程中要做的工作。

3.2.2　提示 2：使用尽可能多的数据标记任务

定义任务类型十分简单，不要混淆定义一个新工作或修复工作的任务。标记新添加的数据，用于以后的分析，这不是任务默认的一部分。在默认情况下，每个任务都应该有描述、开始日期和结束日期、负责人、估算和它所属的项目。其他没有字段的数据包括功能、小组名称、产品名称和目标版本。使用 PTS 也能实现在多个社交平台上创建哈希表。

在大多数系统中，添加标记的替代方法是创建自定义字段。这就相当于向数据库的表中添加列，添加列的字段越多，处理的难度越大。团队被迫使用现存的数据结构，可能不会改变工作方式，但当新人加入团队或执行新任务时，向系统添加数据会很麻烦，如图 3-7 所示。

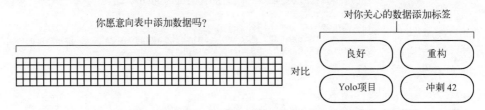

图 3-7　组织项目数据和使用标签添加相关数据的区别

对要添加的数据进行标记，在需要时添加该数据，任务完成后允许返回，并向其添加要报告的各种类型的数据。这很有价值，即使在非正常情况下，也有助于了解团队的工作状态。例如，卡片上的评论能够反映团队的沟通情况，另外，也可能由于缺少原始需求，因此没有发表任何评论。例如，返回任务并在卡片上标记为"工作良好"等，可以找到之前不可预见的情况。

除此之外，使用标签标记任务，可以很容易地对数据进行排序、聚合或映射。进行数据分析时，不需要修改查询或域对象，只是通过简单地添加更多的标签，就能够看到清晰的数据趋势，这在本章的后面有介绍。

一些 PTS 工具，像 JIRA 支持标签，提供显式字段。在 JIRA 中，一个简单明了的数据返回方式见清单 3.2。

清单 3.2　在 JIRA API 响应中的 JSON 块示例标签

```
labels:
[
    "Cassandra",
    "Couchbase",        每一元素代表单独的标签
    "TDM"
],
```

其他 PTS 工具可能没有这项功能，但可以进行分组及分析，最终获取的数据见清单 3.3。

清单 3.3　使用自带文本的哈希标签调用 JSON 块的注释示例

```
comments: [
    {
        body: "To figure out the best way to test this mobile app we should
    first figure out if we're using calabash or robotium. #automation
    #calabash
    #poc #notdefined"          哈希签为以后的分析
    }                           注释细节
]
```

如果有这样的数据，不可能像之前的列表那样进行简单解析，可以使用散列表解析和压缩数据，便于以后使用。

3.2.3 提示3：估算任务完成的时间

在敏捷开发中，估算任务完成的时间是非常麻烦的事情，当用户需求和产品不断发生变化时，很难确定最终完成的时间。从项目管理角度来看，估算很重要，它能够预测在一定时间内可以完成的工作量，以及显示团队是否真正理解所做的工作。

估算的含义似乎对团队有挑战意义，故事点应该与努力相关，但是每一个团队都将这些点转化为时间，因此在大多数情况下，团队更容易估算时间。通过阅读很多关于时间和故事点关系的博客和文章以后，获得一点体会就是：团队估算任务要因地制宜。如果团队估算时间，就用整天数或半天数作为故事点。如果团队对估算有自己独到的见解，可以使用迭代的方法进行估算。团队可能还会使用传统的方法进行估算，但是最终要获取可靠的数据。

对于作者管理的团队，通常需要三到四次迭代才能验证他们的估算。查看估算是否准确的最好方法就是，看看在规定的时间内完成的任务总数。

即使估算和实际情况不一致，这也说明不了高估还是低估。高估意味着团队由于某种原因没有完成任务，低估通常会导致团队倦怠和不可持续的开发速度。麻烦的是，不能只通过估算来洞察团队的工作状态，而应该结合其他数据。如果想在一段时间内实现目标，就像图3-8那样可能看起来很棒。

估算的好处，就是要完成能力范围内的工作，而不是少做或多做了。

图3-8中出现一条表示相同数值的直线，如果估算值随时间的推移而出现偏移的趋势，则表示团队可能高估任务，超出了自己的能力范围。这似乎不错，要么跟目标一致，要么超出预期——这是全世界项目经理喜欢看到的，但是如果不想让团队感觉无聊，应尽可能保持工作高效和富有成效，过高的估算没有实际意义。为此，将使用更多的数据，帮助发现潜在的高估。

如果对团队高估，也能看到相同的平线趋势，如图3-8所示。它可能意味着团队很难完成工作任务，通常是不可持续的。一旦这种趋势被打破，将导致完成较少的任务或者人们沮丧地离开团队。在这种情况下，不能仅仅依靠估算，即使趋势看起来不错。

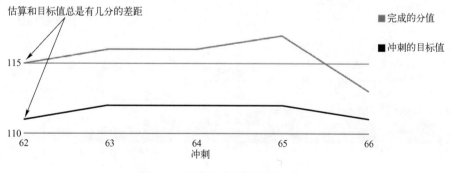

图3-8 估算在冲刺中的分布情况

正如读者所看到的，单靠估算了解团队的表现，隐藏一些需要关注的东西，接下来将在估算中添加列和错误数，以便更好地了解团队的工作状况。

3.2.4 提示 4：任务完成时清楚地定义

虽然任务完成的定义很简单，但若让客户和敏捷团队都满意却挺难。因为 PTS 中含有时间与任务相关联的数据，所以制订任务完成的标准很关键，因为要设置任务的结束时间。通常，完成意味着任务要准备部署给客户。如果对大量变更的数据进行分组，然后部署它们，并且使用单独的流程来传递代码，那么就值得度量部署所花费的时间。如果使用一个迭代模型，在任务部署完成以后，应该将其归类到已完成任务中。无论使用什么部署方法，当定义完成的任务时，要考虑以下注意事项：

- 工作的最初要求。
- 所构建的系统都能进行自动测试。
- 开发的系统通过全部测试。
- 一些客户适应了这种变化。
- 正在度量变更所带来的商业价值。

定义完成的任务，要力求简单，确保团队及相关人员都能够理解，否则会使自己陷入尴尬的境地。

一旦任务被标记为完成，其他额外的工作应该作为新任务。如果需求发生变更或在不同的开发周期内发现错误，经常会重新执行已完成的任务。最好不要在已完成的任务中修改，而应该打开另一个任务修复错误。除非事先知道怎样做才能满足要求，否则就应该不做。

如果客户不能够理解完成任务的含义，并且团队对任务的标记方式也没有达成一致，那么就会怀疑大部分数据。这是因为客户想从 PTS 了解任务的实际完成时间，以及估算时间。如果没有一个准确的方式来确定任务完成的时间，那么就很难知道完成任务实际花费的时间。

当看到峰值异常变化时，就会知道任务完成的标准没有被明确地定义，如图 3-9 所示。

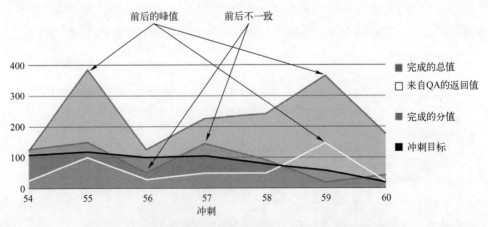

图 3-9　当任务完成的标准定义不完整时，所看到的糟糕趋势

发生这种情况的原因如下：
- 完成的任务在工作流中结束并返回。
- 开发小组在没有验收任务的情况下进行了下一步工作。

从图 3-9 中能看到另外一个趋势，团队完成的工作量高低起伏。团队需要处理一些计划外的工作，很难实现最初的目标。在这种情况下，客户会看到冲刺的目标随着时间的推移开始逐渐下降，而团队试图达到一致的速度。因此，需要弄清任务从 QA 返回的原因，以及间隔几个冲刺完成任务的工作量迅速增长的原因。

3.2.5　提示 5：明确定义任务的完成时间

好和坏是相对的。每个团队根据之前的工作经历，对于敏捷开发过程做出不同的评价。如查看之前的任务清单，在卡片上标记好、坏或一般。时间再一次证明，每个团队都有不同的开发模式，不存在绝对模式。根据过程的工作效果来标记卡片，以及添加描述其他任务的标记，可以识别哪些模式能够提高团队绩效。客户在使用数据的时候会看到，标签成为工作的元数据。通过这种方式处理数据，客户会了解现在的工作状况，以及确定需要改进的地方。

当谈论标记任务和使用数据的时候，直接涉及 3.2.2 节的内容。如果把任务映射为好的或坏的，并跟踪完成任务的工作量，就会获得团队的幸福指数。在这种情况下，好意味着顺利地执行任务，没有出现任何问题，每个人都对此满意。坏意味着团队因某些原因对任务不满意，如他们不满意撰写的客户需求，任务很难完成，或者无法估算。在其他情况下，可以使用 Niko-niko 日历，团队成员每天都在墙上贴一个表示他们多么开心的表情符号。通过一种非常容易和微妙的方式，映射团队成员对完成个人任务的满意度，了解团队对于所做工作的评价，这有助于洞察任务的估算趋势。正如前面提到的，平线可能使项目经理很高兴，但这并不意味着团队中的一切工作进展顺利。图 3-10 是一个团队的实例，用平线表示团队对任务的估算和任务的实际完成情况，另外，根据开发人员的评价将卡片标记成"快乐"或"悲伤"。

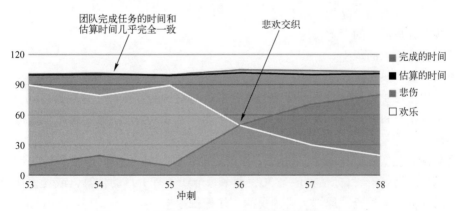

图 3-10　卡片上任务的估算和完成时间的分布情况

曾经有一个任务期限很紧的项目，像图 3-10 一样，团队不可能完成规定的工作量，需要挑战自我。刚开始团队成员挺兴奋，但是仅仅持续几个冲刺，就感觉疲劳了，或许坚持一下能够完成，但他们对此并不满意，便在卡片上标记为"悲伤"。这是一个很好的例子，在正常的度量之外，客户能够使用其他数据更好地洞察团队。

3.3　关键项目管理度量和发现数据趋势

客户并不关注典型的敏捷度量，当组合度量数据时，可以通过查看一些关键的 PTS 数据，以全面了解团队的绩效。

- 估算——团队在完成任务之前所预期的工作量。
- 工作量——已完成的任务数。
- 错误——团队工作中产生的缺陷数。
- 重复率——在过程中返回的任务数。

当客户更深入地了解这些数据时，会发现一些不一致和歧义现象，这是由于在软件开发过程中产生的一小部分数据造成的。

3.3.1　任务工作量

到目前为止，本章描述的数据就是所完成的估算工作量。敏捷团队的典型做法，就是从度量估算开始。

工作量是团队已经完成的工作数量，这与度量估算有点不同，估算工作量不考虑实际完成的任务数。在跟踪工作量的过程中要考虑一些估算和错误，有助于确定一些关键项：

- 任务的规模。
- 新工作与修复旧工作的比例。
- 是否出现其他任务。
- 估算时间和实际完成时间的差距是一个有价值的度量，它隐含了一些信息：
- 团队对所开发的产品的了解程度。
- 团队对客户需求的理解程度。
- 编写客户需求的水平。
- 团队的技术成熟度。

在估算值中添加速度，将显示完成的任务数量与估算的工作量。这两者之间有一个明显的差距，因为估算每个任务都要大于 1 点。如果团队承担 10 个任务，则每个任务都有 3 点的估算，那么工作量是 10，速度值将是 30（10 个任务×3 个估算点）。

当客户注意到实际工作量和估算的工作量之间的差距时，意味着做了一些计划外的工作，如果有 30 个任务，目标估算值是 30，那么每个任务有 1 点的估算，或者工作流中还有没有估算的任务。要想查找原因，必须更深入地挖掘数据。

3.3.2 错误

可以使用以前的数据来确定估算值是否准确，也可以添加更多的数据，来进一步验证。例如，通过添加错误可以了解团队执行任务的情况，这对于估算没有出现错误的团队来说非常重要。

错误表示软件有缺陷，每个人对此有不同的理解。如果把一个实现了的功能交付给客户使用，若是运行出现问题，会对客户造成负面影响。因此，跟踪错误非常重要，应该关注错误的产生率和完成率，以防错误影响软件开发的质量。

错误的产生率可以通过创建日期，计算"错误"或"缺陷"类型的任务数得到。错误的完成率可以通过完成日期，计算"错误"或"缺陷"类型的任务数得到。

通常从错误创建和错误完成看到完全相反的情况，当减少错误发生时，意味着错误完成率高，这是好的情况；当产生大量的错误时，意味着错误产生率高，这是坏的情况。可以从整体上了解一下错误完成率，图 3-11 所示是错误、工作量和故事点的集合，包含目前为止所收集和分析的数据。

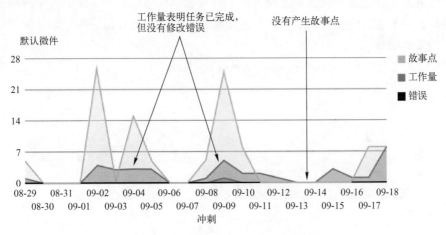

图 3-11 跟踪错误、工作量和估算

图 3-11 显示产生较少的错误，估算和实际工作量非常接近，看起来不错，但是显示一些已经完成的具体的工作量，没有出现与任务有关的故事点，从而表明仍然存在错误。这说明团队正在执行计划外的工作，产生了不良影响，这是因为：

- 它没有在预算里。
- 它对团队承诺交付的产品产生了负面影响。

注意到 09-11 冲刺阶段，尽管从工作量显示已经完成工作，但是没有产生故事点。这是一个很好的例子，说明计划外的工作正在伤害团队承诺交付的产品。团队需要找出计划外工作产生的根源，并且清除它。如果团队必须完成该工作，则应该重新估算并将其安排在工作过程中。

3.3.3　衡量任务移动、重复率和工作流

向图中添加数据，用来描述工作流中进行移动的任务，分析该数据可以洞察团队的工作状态。

为此，先看一下重复率，这是在预定义工作流中向后移动任务的度量。如果从开发阶段执行任务，在 QA 阶段验证失败，再返回到开发阶段，这会增加重复率。

数据点上的峰值暗示着存在潜在的问题：

- 团队内部沟通出现问题。
- 项目完成标准没有定义清楚。
- 通常迫于发布日期，团队仓促执行任务。

如果向后移动的任务数在持续增加，但还没有达到峰值，那么就应该及时解决团队出现的异常问题。

图 3-12 显示了将这个数据点添加到本章的图表中。

一目了然，可以了解许多信息。读者看到来自 QA 的任务，正在后移的任务，出现的波峰预示着任务的工作量或开发效率迅速下降。那些表示任务落后和完成的大量波峰，以及平线冲刺目标，暗示着要将任务重新放入到工作流中。这会导致要做许多计划外的工作，必须引起团队的足够重视。

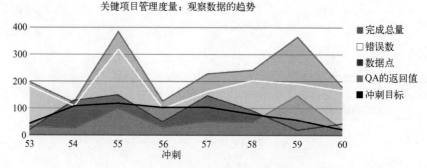

图 3-12　目前为止收集到的所有数据的示例

3.3.4　使用标签排序

可以使用标签来连接不同的任务，查看任务分解之前的属性。图 3-13 显示了一个特定项目标签的集合，包括最常见的标签以及数量。

向图 3-14 中添加了一个度量——开发周期，可以根据标签后面的数据进行排序。可以借助该数据，单击 Kibana 仪表板上的任何图表，以便过滤其余图表。可以从图 3-15 的"标签"面板中，单击标记为"集成"的任务。

在这种情况下，读者会看到标记为"集成"的任务需要花费特别长的时间，如 17、13 或 5 整天。相反地，也可以按照开发时间进行排序，查看那些任务完成时间较长的标签，如图 3-16 所示。

42

查看标签所标记的数据的趋势

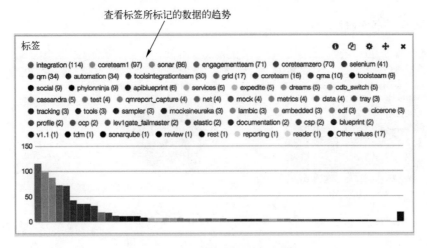

图 3-13　一个特定项目的标签明细

查看标签所对应的开发周期

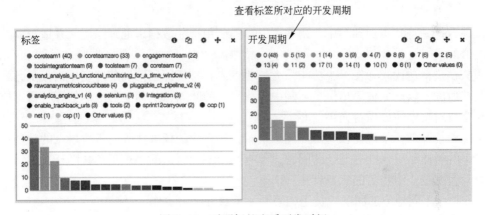

图 3-14　对照标签查看开发时间

根据标签中的数据进行排序　　　　　　　　　对"集成"任务排序，显示开发时间似乎很长

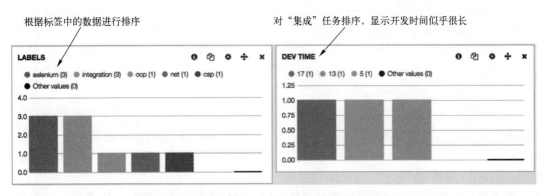

图 3-15　对标签数据排序并查看对开发时间的影响

在第 7 章中将仔细研究数据和数据点之间的关系。

依据开发时间排序，发现完成标签
所表示的任务需要花费很长时间

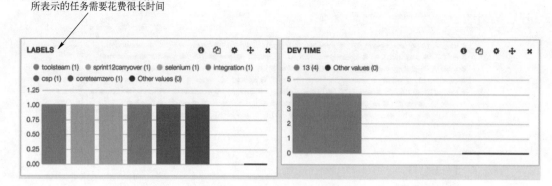

图 3-16　依据开发时间对标签排序

3.4　案例研究：确定项目的技术债务趋势

跟踪数据并将其添加到图中，团队可以单独使用这些数据来处理问题，并适当调整，以达到其目的。

团队在进行迭代式开发一个功能强大的项目，并且经历了两周的冲刺。与大多数团队一样，跟踪速度，以确保估算出每个冲刺中任务完成的时间，从而能够准确估算项目完成的时间，让客户对按期完成项目充满信心。

在这种情况下，不可能在每个冲刺结束时，将完成的任务数等同于故事点的数量。虽然没有专门的敏捷小组来处理复杂的问题，但有两个不同时区的小组正在共同开发项目。

总而言之，小组当前的状态就是：

■ 分布在不同地方的团队成员正朝着同一个目标努力工作。
■ 敏捷开发一个大型的项目。

小组提出了一些问题：

■ 为什么没有标准的速度？
■ 客户期望我们做什么？

可以保持一致的速度，跟客户进行有效的沟通，方便客户在每个冲刺结束时进行测试。团队的速度如图 3-17 所示。

在这种情况下，跟踪冲刺阶段的数据，并讨论需要改进的地方。从图上能够看出，53~57 冲刺阶段估算的数据完全不一致，为了弄清楚原因，通过跟踪数据来比较认为能够完成的任务数和已经完成的任务数。理论上，估算的工作量应该高于实际完成的工作量，大致上平行，如图 3-18 所示。

那样看起来并不好，实际完成的工作量和估算值几乎平行了，但是可以得到与估算相等的完成任务的总数。每个任务都应该有估算值，估算值应该比完成任务的总数多。仔细观察一下这些数据，发现了一些错误，将它们添加到图表（见图 3-19）中。

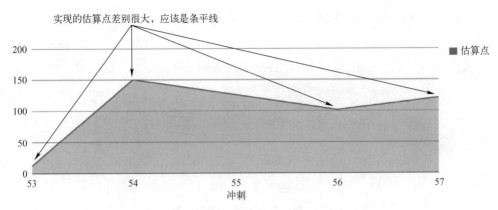

图 3-17　故事点一直跳跃

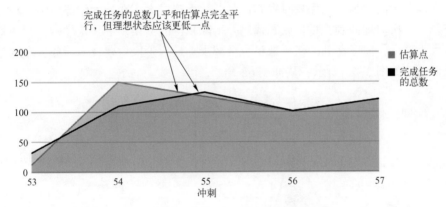

图 3-18　实际完成的任务量

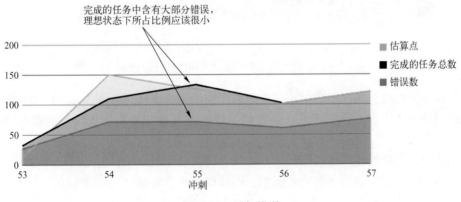

图 3-19　添加错误

冲刺阶段产生大量的错误会增加工作量，因为团队没有估算错误以及要完成的功能。针对这种情况，随着时间的推移，开发团队出现大量的技术债务。在执行任务的过程中，多数会遇到边缘情况和竞争，从而导致产品的功能出现问题。图 3-20 显示了冲刺阶段向后移动的任务。

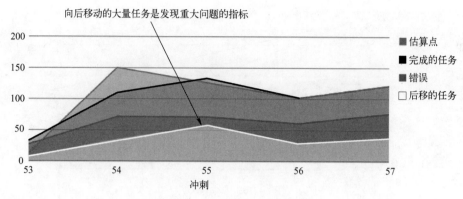

图 3-20　添加向后移动的任务

在早期冲刺阶段，为了确保按时发布产品，从而造成大多数技术债务。为了解决这个问题，决定执行一次清理冲刺，重构问题代码并清除积压的错误。一旦这样做了，冲刺中的错误数量会大大减少，向后移动的任务数量也会减少。最后阶段重建技术债务，在度量收集系统中清晰可见，如图 3-21 所示，从冲刺 62 开始。

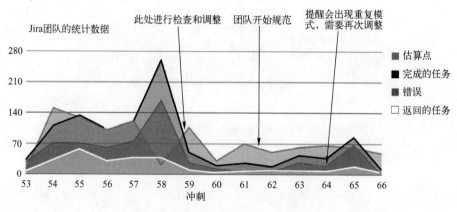

图 3-21　团队在一段时间内的统计数据

当看到相同的趋势再次出现时，需要采取相同的解决方法。在图 3-21 中的冲刺 65 处执行一次清理冲刺，先设法稳定团队，并控制返回的任务数，冲刺完成以后的错误数比冲刺 58 要少得多。

即使这些数据能够很好地描绘问题，以及对团队变化的影响，但这仅仅是冰山一角。在下一章会看到将更多的数据添加到系统中，以获取一些重要信息。

3.5　小结

大多数人都是通过收集项目跟踪系统的数据来度量团队。读者能够使用项目跟踪系统跟踪开发生命周期中的任务、估算和错误，从而更加深入地了解团队的绩效。在本章学到了如下知识：

- PTS 包含几个主要的原始数据：什么、时间和谁。
- PTS 系统中的原始数据越多，分析就越全面。为了实现该功能，团队应该遵循以下原则：
  - 总是使用 PTS。
  - 用尽可能多的数据来标记任务。
  - 估算工作量。
  - 清楚地定义任务完成的标准。
  - 追溯标记的任务。
- 对于 PTS 中标记的任务，允许使用新方法来分析该任务的数据。
- 通过添加叙述获得随时间变化的背景信息。
- 可以从速度和下降开始分析度量，若添加更多的数据，可更清楚地了解那些度量趋势。
- 从时间数据中提取 PTS 的关键数据，可以更轻松地了解团队的绩效。
- 几乎任何事情都可以被分解成分析系统的图表。

第4章
源代码管理的趋势和数据

本章导读：
- 了解 SCM 系统数据。
- 使用 SCM 获取尽可能多的数据。
- 获取 SCM 系统数据，并放入度量收集系统中。
- 了解 SCM 系统数据变化的趋势。

在跟踪项目的过程中收集数据，使用源代码管理系统（SCM）挖掘数据，能够深入了解团队绩效。该系统处在应用程序生命周期的第二个阶段，如图 4-1 中亮点所示。

开发人员可以使用 SCM 检查代码、添加评论以及协商解决问题的方案。如果让开发人员移动卡片或向项目跟踪系统中添加评论，会非常困难，这会导致关注项目进展的其他人员产生一个很大的误解，读者可以使用 SCM 中的数据来消除该误解。

图 4-1　在应用程序开发周期中的 SCM

如果修改第 3 章提出的问题，可以从 SCM 中获取谁、什么和如何的数据，如图 4-2 所示。

使用 SCM 系统，可以回答以下两个问题：
- 修改多少代码？
- 开发团队成员如何相互协作？

如果组合 SCM 数据和第 3 章的 PTS 数据，就会获得解决问题的思路：

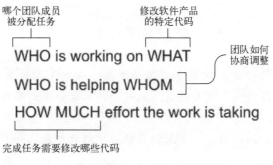

图 4-2　SCM 数据中谁、什么和如何所代表的含义

- 安排的任务是否合适？
- 估算是否准确？
- 团队实际完成多少任务？

在第 7 章会详细讲述使用不同的数据组合来分析问题。SCM 系统已准备就绪，但是在开始使用之前，首先要了解它的基本功能。

4.1　什么是源代码管理

如果读者正在从事软件开发，应该了解 SCM。所开发的软件最终要编译和部署，在此之前，可能有多个团队成员一起从事软件开发，他们之间要相互协作，对开发过程中所做的修改进行统一管理。可以使用 SCM 进行管理，该系统存储着开发过程中所有的源代码。

目前流行的 SCM 系统包括 Subversion（SVN）、Git、Mercurial 和 CVS 4 个子系统。系统版本不断更新，但是各子系统之间相互转换却并不容易，因为代码都存储在之前运行的系统中，若要转换系统，则需要移动代码，通常会比较困难。目前市面上出现了一些 SCM 系统迁移工具，可以管理源代码。如有一个名为 cvs2svn 的软件，能帮助用户从 CVS 系统迁移到 SVN 系统，Google 的 "SVN 迁移到 CVS" 软件。另外一些工具软件能够帮助用户从 SVN 迁移到 Git 或 Mercurial。

如果用户在项目中没有使用 SCM，则强烈建议使用它。即使只有一个开发人员的团队，也能从该系统的代码库中受益。如果误操作或需要恢复一些功能，使用 SCM 可以很容易地返回之前的状态，并获取源代码。

4.2　准备分析：生成最丰富的数据集

想知道团队有多少人在修改多少代码，只要使用源代码管理，就能够获取这些数据，但是如果想回答更有趣的问题，如在本章开头提出的问题：

- 开发团队成员如何相互协作？
- 估算得准确吗？
- 任务安排得是否合适？

49

- 团队实际完成多少任务？

就应该使用以下提示，确保生成最丰富的数据集。

在企业中变更 SCM

在接下来的几节中将讨论如何生成丰富的数据，通过潜在的变化来表明团队的运行情况，似乎不太现实。如果在一个创业公司上班或即将启动一个新项目，可能很容易选择或改变 SCM 类型。一个因循守旧，只使用 CVS 的大公司，该公司员工不能从变化的系统中获取数据，不知道如何提高团队的协作。如果读者的处境与此相同，请阅读以下部分。

4.2.1 提示：使用分布式版本控制和拉请求

在选择一个版本控制系统时，可以有多个选项，要重点考虑其数据类型所能发挥的价值。当选择一个 SCM 系统时，首先要考虑是分布式还是集中式系统。集中式系统基于一个中央服务器，储存全部信息，若要进行相关操作，必须先连接它。该系统如图 4-3 所示。

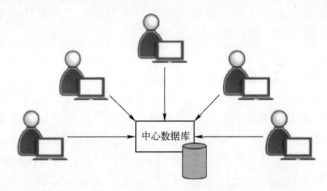

中心数据库

图 4-3　集中式 SCM 系统中，用户必须访问中心数据库

在集中式 SCM 模型中，与提交一起存储的元数据类型通常只是一个注释，比较实用，但数量不多。

对于分布式系统的客户端都有一个完整的数据库。分布式版本控制系统（DVCS）允许个人或小组对代码库进行较大修改，以及尝试合并，也允许每个人根据自身情况，在主数据库之外进行协作，为团队提供更多灵活的分布式协作机会，有关 DVCS 的说明如图 4-4 所示。

请注意，图 4-4 中有一个中心数据库，存储全部信息，并部署最终产品。

SCM 系统有两个主要功能：

- 保存代码操作的全过程。
- 促进良好地合作。

集中式 SCM 系统将所有信息储存在一个中心数据库中。DVCS 系统分散存储变更信息，因此在变更代码时，会提供丰富的数据集。另外，DVCS 系统有方便的应用接口，可以获取数据以及使用即插即用的方式报告数据。

如果希望尽可能多地获取团队过程的数据，使用 DVCS 会更好，因为可以更多地了解团队的工作状况、协作状况，以及修改源代码的地方。

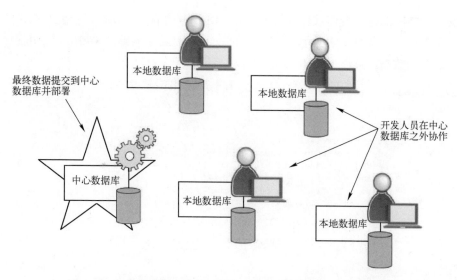

图 4-4　在分布式版本控制系统中，每个客户端都有一个数据库

使用 DVCS 系统的团队经常会使用拉请求，当开发人员修改完代码以后，要将其存储到主代码库之前，执行拉请求。拉请求中有能够审查请求的开发人员名单，这些人在同意或拒绝评判之前，都有机会发表评论，如图 4-5 所示。

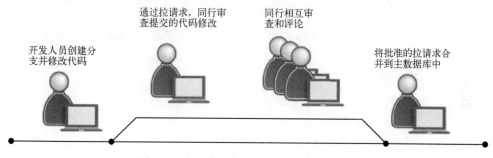

图 4-5　在源代码管理中使用拉请求工作流

DVCS 工作流

最流行的 DVCS 工作流是功能分支工作流和 gitflow，其中功能分支工作流比较简单。新项目的开发都有自己的功能分支工作流，项目完成时，开发人员执行拉请求，将功能代码存储到主代码库中。

运行 Gitflow，也要使用拉请求和功能分支，但是在团队所使用的分支结构的周围加入一些形式。用于合并功能的单独分支通常称为 develop 或 next，但将功能合并到分支之前，通常会有另一个拉请求。当开发和合并所有的功能以后，将其加入到主分支中，然后部署给客户。

如果读者想深入学习 Git 和工作流，请参阅 Mike McQuaid 写的《Git in Practice》（Manning，2014），书中详细介绍了这些工作流程的使用方法。

开发人员之间的这种合作被保存为元数据。GitHub 含有一个访问所有元数据的应用程序接口，有助于很好地洞察团队的绩效。下面的一个示例显示能够从 GitHub 应用程序接口获取有关拉请求的数据，具体见清单 4.1。

清单 4.1　GitHub API 的响应示例

```
"state": "open",                                        ┐ 拉请求的一般信息
"title": "new-feature",                                 │
"body": "Please pull these awesome changes",            ┘
"created_at": "2011-01-26T19:01:12Z",                   ┐
"updated_at": "2011-01-26T19:01:12Z",                   │ 日期很重要
"closed_at": "2011-01-26T19:01:12Z",                    │
"merged_at": "2011-01-26T19:01:12Z",                    ┘
"_links": {
  "self": {
    "href": "https://api.github.com/repos/octocat/Hello-World/pulls/1"
  },                                         ← 此链接该结点的详细信息
  "html": {
    "href": https://github.com/octocat/Hello-World/pull/1
  },
  "issue": {
    "href": "https://api.github.com/repos/octocat/Hello-World/issues/1"

  },
  "comments": {                              ← 链接所有的评论
    "href": https://api.github.com/repos/octocat/Hello-World/issues/1
    ➡ /comments
  },
  "review_comments": {                       ← 评论复审的链接
    "href": "https://api.github.com/repos/octocat/Hello-World/pulls/1
    ➡ /comments"
    "merge_commit_sha": "e5bd3914e2e596debea16f433f57875b5b90bcd6",  ← 提交的ID
    "merged": true,                          ← 如果已经被合并
    "mergeable": true,
    "merged_by": {                           ┐ 谁合并拉请求
    "login": "octocat",            ← 如果能够合并
    "id": 1,

  },
  "comments": 10,                            ┐
  "commits": 3,                              │
  "additions": 100,                          │ 非常有用的关键数据
  "deletions": 3,                            │
  "changed_files": 5                         ┘
}
```

正如清单 4.1 所示，能够从拉请求中获取数据。通过 DVCS 和集中式 VCS 所获取的协作数据有很大的不同，不仅可以看到团队中每个人的代码变化情况，还可以通过查看拉请求活动来了解他们参与对方的工作情况。

连接 RESTful API

如清单 4.1 所示，GitHub 在其 API 中使用了一种称为链接的技术。读者会注意到响应的几个部分是 HTTPURL。链接是基于 API 本身能够为用户提供所需的更多信息。在这种情况下，如果要获取有关不同注释的所有数据，请遵循评论块中的链接。清单 4.1 是一个简短

的示例，表示可以从 API 中获取什么类型的数据，但是在完整的响应中，将有许多链接指向每个结点内的细节。RESTful API 通常使用这种方式进行链接，使分页、数据发现和解耦不同类型的数据变得更容易。

下面介绍从这些数据中提取的度量，以及如何将它与第 4 章中已经从 PTS 中获得的度量相结合。

4.3　使用的数据以及来自 SCM 的数据

如果在附录 A 中构建系统，可以创建一个服务，进行插入并从 DVCS 获取数据。因为从 DVCS 获得的数据比来自集中式 SCM 系统的数据丰富得多，并且还具有很好的 API，所以本节将重点介绍从 DVCS 获取数据，还将探索从高级别的集中式 SCM 中获取数据。

4.3.1　从 DVCS 获取数据

一个最简单的 DVCS 提交结构如图 4-6 所示。

图 4-6 中包含一个消息，一个 ID 通常以 SHA（安全散列算法）形式链接到上一次提交的 URL，以及编写提交代码的姓名。请注意，编写代码和向数据库提交代码不是一个人，如果用户在使用 gitflow 或功能分支工作流，会经常遇到这种情况。开发人员提交一个拉请求，被最后的审查人员或数据库的所有者接收，并提交变更信息。

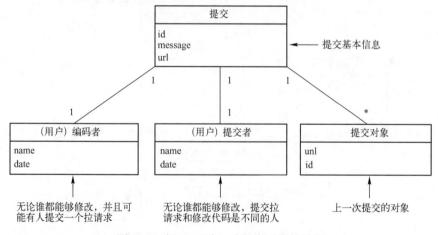

图 4-6　在 DVCS 中一个提交对象的结构

典型的拉请求结构如图 4-7 所示。

图 4-7 中含有使用拉请求的用户和参与拉请求工作流的审查人员，也有拉请求的所有评论、来源和提交的位置。

提交意味着将代码存储到数据库之前，使用拉请求处理即将存储的代码。从本质上讲，拉请求是指将代码放入数据库的请求，含有比提交更多类型的数据。当用户提交拉请求时，会要求同行进行评论、审查和批准。来自拉请求的数据不仅包含开发人员编写代码的信息，还包含团队协作信息。

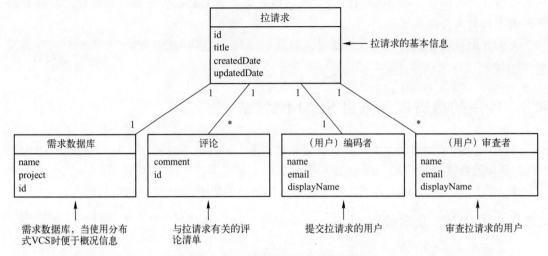

图4-7 从 DVCS 的拉请求中获取数据

现在能够看到返回的数据，将其与要回答的问题进行映射，如图4-8所示。

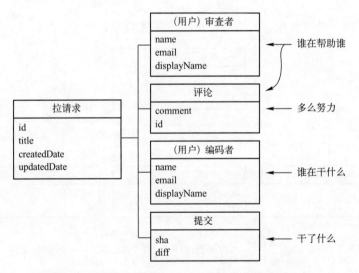

图4-8 将问题与从 DVCS API 获取的数据进行映射

目前所了解的信息：

- 从审查者和用户反馈的数据谁做何反应？
- 谁与审查者的用户对象进行协作？
- 在评论方面的合作情况。

这些信息有助于审查人员更好地了解团队的运行状况，另外，审查人员可以解析修改的代码，找出哪些文件正在更改以及更改程度。接下来，审查人员能够回答以下问题：

- 发生变化最多的地方是哪儿（在代码中修改热点）？
- 谁在哪个模块（用户热点）上花费的时间最多？
- 谁修改的代码最多？

代码中的热点指向发生变化最多的地方，意味着团队正在迭代开发一个新功能，团队可能不希望迭代每次修改过程——通常表示代码高耦合或没有设计好。这种情况最耗时，因为需要清理技术债务。对于出现的错误，应该及时修改，以便节省以后修改的时间。

4.3.2　从集中式 SCM 获取数据

SVN 和 CVS 是两个常见的 SCM 系统，被开发人员广泛使用。如果它们之间进行转换，那么在一定程度上会影响团队的工作。如从 SVN 转换到 Git，团队必须学习 Git，首先要停止当前的工作，然后移植代码，另外还要熟悉不同工作流的使用方法。虽然暂时延缓了团队的工作进程，但是能够从这些数据中受益，也是值得的。通过分析这些数据，会更深入地了解问题，可以通过从集中式 SCM 获得的数据更快地找到问题。若是将当前系统转换到 DVCS 中，也鼓励通过拉请求进行更好的协作，作为一个开发人员应该对此非常熟悉。

从集中式 SCM 系统获取数据，可以了解谁修改了代码以及修改的内容，如图 4-9 所示。

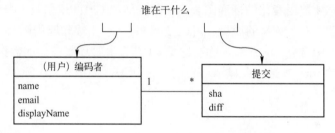

图 4-9　从集中式 SCM 系统获取数据

审查人员会被这些数据误导，只知道谁修改了多少行代码，但是不知道其努力程度和工作效率。一个初级程序员可能在提交的代码里有很多错误，而一个高级程序员能够使用较少的代码实现同样的功能，因此工作量并不代表其工作效率。此外，一些人喜欢采用多种方法解决问题，借此进行磨炼，而其他人喜欢思考问题，确保一次成功。这两种方法都完美可行，但能从中获得完全不同的数据。

如果希望了解 PTS 中完成多少任务，或者任务是否向错误的方向移动时，需要结合相关的数据进行分析，来自集中式 SCM 的数据可能会很有用。使用这些好的和坏的指标衡量任务，也有助于了解 SCM 数据的含义。

4.3.3　单独从 SCM 获取数据

从 SCM 系统获取最小的数据集是团队成员修改代码的总量，在没有其他数据的情况下，可以回答以下问题：

- 谁在修改代码？——谁在修改软件的哪些功能？
- 谁修改的代码最多？

■ 代码库正发生多大变化？——软件的哪些功能修改得最多？

SCM 主要用来跟踪软件代码库的变更，可以使用 CLOC 度量。正如速度是一个相对度量，跟踪它的每个团队的数值都不相同，而 CLOC 和 LOC 是相关度量的缩影。LOC 根据编程语言和开发人员编程风格的不同而有所不同，Java 程序比 Rails、Grails 或 Python 程序有更多的 LOC，因为它是一个非常冗长的语言。若不讨论编程风格，很难比较两个 Java 程序。下面有一个示例，见清单 4.2。

清单 4.2　两个相同的条件语句

```
if(this == that) {
doSomething(this);
else {
doSomethingElse(that);
}
```
5行代码

```
(this == that) ? doSomething(this) : doSomethingElse(that);
```
1行代码

在相同的条件下，两条语句执行结果相同，然而其 LOC 各不相同。具体选择哪一条都是根据个人喜好，没有谁好谁坏之分。这个示例表明 LOC 作为一个度量有一定的局限性，在不考虑时间的情况下，不能对代码修改的结果做出合理的评价。

有一些描述 SCM 数据变化的标准图表，对于任何的 GitHub 项目，可以通过 Plus 和图形部分查看标准图表。对于 SVN 的项目，可以使用 FishEye 生成相同的图表。下一章将展示一个示例，在 GitHub 中含有 GoCD 数据库，它是 CI 和管道管理服务器的数据来源。

单击 GitHub 的 Plus 按钮，会显示项目的当前状态，如图 4-10 所示，界面左边显示的拉请求信息最关键。

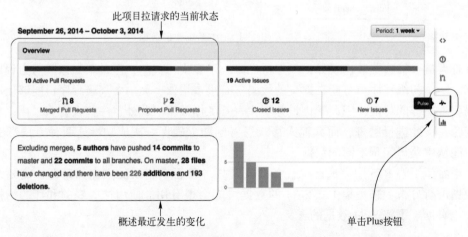

图 4-10　GitHub 中的 Plus 页面提供来自于 GoCD repo（github. com/gocd/puls /weekly）的有关拉请求、问题和修改的数量

Plus 按钮的功能非常实用，就像检查自己的脉搏一样，查看项目的状态。在 GitHub 中存在着开源项目，重要的是要知道项目的当前状态，便于潜在的客户决定是否使用它。客户可以查看图表，获取想要的数据，包含期望从源代码管理项目看到的 CLOC 和 LOC 的故障

信息。在一段时间内显示的数据如图 4-11 所示。

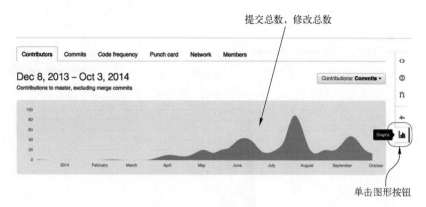

图 4-11　GoCD（github. com/gocd/gocd/graphs/contributors）
数据在一段时间内的变化情况

　　第一个图表显示在一段时间内开发人员执行 CLOC 的工作量，接下来读者会看到执行修改和删除操作，以及向代码库提交最多代码的开发人员。这好像是在度量开发人员的工作效率，但不能一概而论，能力差的开发人员可能比能力强的开发人员修改和提交更多的代码。

　　接下来显示提交的代码，图 4-12 显示了修改代码的时间及数量。

　　图 4-12 也显示了提交代码的数量。要想进入 CLOC，单击代码频率按钮即可。

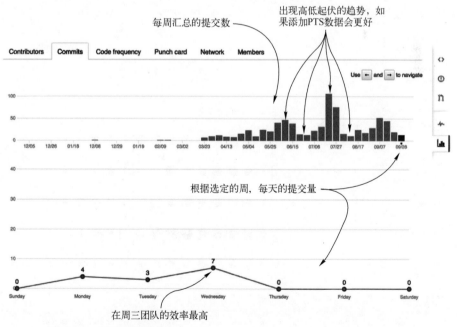

图 4-12　显示每周向 GoCD（github. com/gocd/gocd/graphs/contributors）
提交的任务总数以及每周或每天修改的代码量

在图 4-13 的开始位置，看到代码频率快速上升，这是因为在 GitHub 中产生了新项目，执行完 CLOC 之后会变得平缓一些。

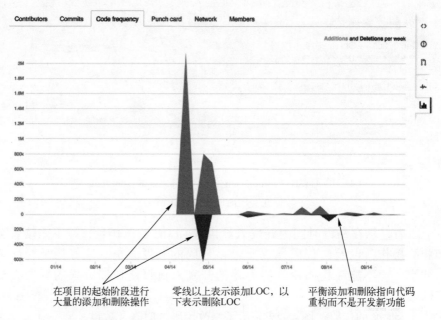

图 4-13　单击"代码频率"选项卡会显示一段时间内代码的变化情况

穿孔卡是 GitHub 的最后一个标准图，如图 4-14 所示。

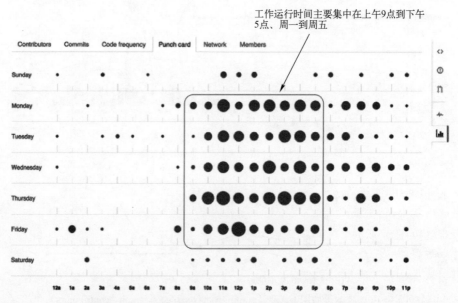

图 4-14　SCM 穿孔卡图表显示代码发生变化最大的日期

当在项目中发现很多代码需要被修改时，非常有价值。从图 4-14 中看到，上午 10 点到下午 5 点是代码变化最大的时间段，在正常的工作范围之内会产生一点额外的工作。如果看到周五或冲刺结束时气泡变大，这通常表示团队正在期待最后一分钟获取代码，这种现象不好。另一个不好的现象就是在团队的休息日（周六和周日），看到气泡变大，这些现象都暗示着存在问题。

如果使用 SVN，则必须使用第三方工具从 VCS 获取数据，如使用 FishEye（www. atlassian. com/software/fisheye）显示的数据如图 4-15 所示。

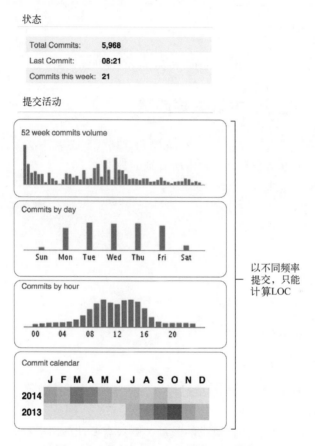

图 4-15　执行 FishEye 显示的 SCM 数据

有关 FishEye 的注释

如果使用集中式 SCM，特别是 SVN，可以使用 FishEye 描绘 SCM 数据，FishEye 是一款标准的商业（COTS）软件，可以用来获取数据，并将其显示在网页的漂亮图表上，以至每个人都可以看到。

如果想从 API 获取数据，将其显示在图表上，请查看数据库统计 API：GET/repos/：owner/：repo/stats/contributors。返回的数据结构如图 4-16 所示。

如果想从基础开始学习，则这是一个非常方便实用的 API。

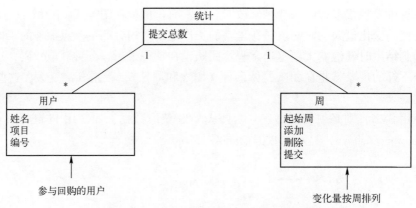

图 4-16　GitHub Repository 的统计数据结构

4.4　关键 SCM 度量：发现数据趋势

如果团队提交了拉请求，并使用 CI 来构建和部署代码，就不必关注 LOC，而是要查看一些更丰富的数据，可以结合在第 3 章中所看到的数据。

将从 SCM 看到以下数据：
- 拉请求。
- 拒绝拉请求。
- 合并拉请求。
- 提交。
- 审查。
- 评论。
- 修改代码的行数（有助于计算风险）。

4.4.1　标注 SCM 活动

如果使用标准的 SCM 系统，则可能已经有一些基本的 LOC 数据，要获得一些真正有用的信息，首先要查看拉请求数据。

如果从简单的事情开始，如拉请求的数量，则只需要计算请求数量。

正如图 4-17 所示，如果一切顺利，评论数量将远大于拉请求的数量。拉请求的增量取决于处理拉请求的方式。如果团队有 4~6 个开发人员，可以让全队共享拉请求，在这种情况下，可能会看到 2~3 个成员对拉请求做评论。如果团队成员较多，让全队共享拉请求，似乎有点不切实际，因为一个开发人员只能让 4~6 人共享拉请求，试图获取 2~3 个同行的反馈信息。无论怎么做，都会看评论数量和拉请求的数量相等，以及评论和审查的数量至少是拉请求的两倍，如图 4-17 所示。

有一点要注意的是，图 4-17 显示的是每一个冲刺合并的数据。这意味着每个冲刺（通常是 2~3 周）结束时，能看到拉请求总数和评论总数。如果使用 Kanban 在更大程度上跟踪这些统计信息，就有可能看到执行拉请求、添加评论和提交完成的不同之处。在理想情况下，提交请求后，拉请求会立刻被提交。如果由于某些原因看到了如图 4-18 所示的情况，那么可能遇到了问题。

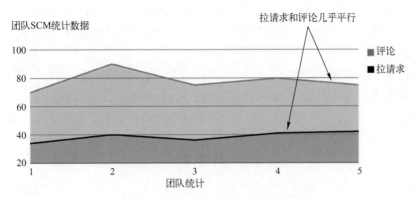

图 4-17　使用拉请求评论绘制拉请求

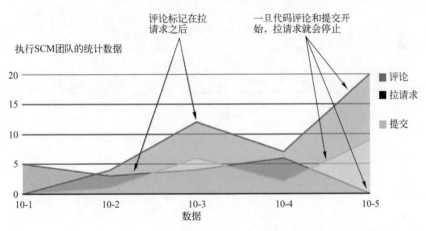

图 4-18　提交和评论出现在拉请求之后，通常是一个不好的模式表现

　　由于某些原因，团队在提交代码时，没有审查代码，那么以后需要花费更多的时间来审查代码。没有及时进行代码审查的最大风险就是，过了一段时间，失去最佳条件，或者开发人员忽略了它。在理想的情况下，就是要尽快审查代码。

　　在 SCM 系统中，能够看到一些拉请求被拒绝的现象。通常情况下，即使最好的团队也会有拉请求被拒绝，因为犯了某种错误（每个人都会犯错）。将被拒绝的拉请求添加到表中，希望它在一个良好的过程中占很小的比例。如果被拒绝的拉请求很多，则有可能是因为团队成员没有很好地协作，或者多数开发人员在试图检查错误代码。如果所有的拉请求都没有被拒绝，则通常表明审查人员没有很好地履行职责。

4.5　案例研究：转向拉请求工作流并进行质量工程

　　在了解了如何收集和分析 SCM 数据的前提下，开始进行实际应用。在接下来的案例研究中，演示了如何转移拉请求工作流，以及整合质量工程师团队。在一个真实的场景中显示，如何在开发进程中使用这些 SCM 数据。

团队遇到了一些问题，其中有一些小问题，应该在开发阶段的早期解决。团队减少发布代码的次数，在部署代码阶段，将代码和问题一起交给质量管理团队（QM）。他们决定做一下改变，以提高软件质量。

为了更好地解决问题，团队决定尝试使用拉请求工作流。他们已经在使用 Git，在减少发布代码之前，开发人员正向一个分支提交代码，然后合并再提交到数据库中。他们决定跟踪提交、拉请求和错误，看一下是否使用拉请求能够减少错误量。经过了几个冲刺以后，其结果如图 4-19 所示。

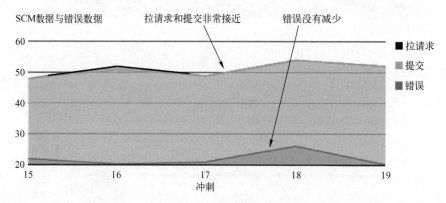

图 4-19　团队开始执行拉请求时，错误没有减少

为了更容易看到各数据点变化的趋势，将拉请求和提交分开，度量结果不受影响，如图 4-20 所示。

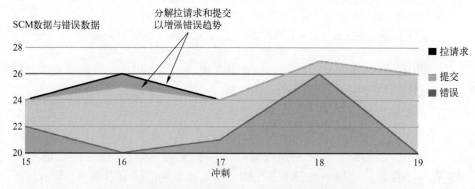

图 4-20　错误和 SCM 数据之间相同的方差数正在减少

对比一下这两张图，从图 4-20 中很容易看到一些变化，但是变化不大。从冲刺 18 到 19 错误数快速下降，但是错误总数没有减少，并且在冲刺 18 发生了大的跳跃。针对这种情况，团队决定添加更多的数据点。为了了解一下拉请求中的协作情况，将评论添加到图表中，如图 4-21 所示。

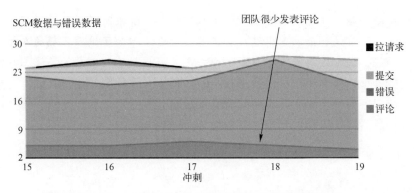

图 4-21　向图表中添加评论并发现一个糟糕的趋势

图 4-21 中有关拉请求的评论不多，暗示着很少协作。因为错误的趋势没有变化，所以看起来修改过程不起任何作用。工作流没有实现开发团队预期的变化，因此需要对过程进行更大的调整。他们要求开发人员在处理拉请求时，应该像质量管理团队那样，不要只关注"代码是否解决了问题？"，还要检查一下"代码编写得怎么样，会不会出现其他错误？"。如果开发人员花费大量的时间评论其他开发人员的代码，以及像 QM 团队那样工作，是否会影响开发人员的本职工作？因此，他们还邀请一个 QM 团队成员来指导开发团队。如果这样做能够减少错误数量，那么之前所花费的时间也是值得的。他们开始对彼此的代码发表评论，在检查任务之前进行更多的迭代。这个过程经历了几个冲刺如图 4-22 所示。

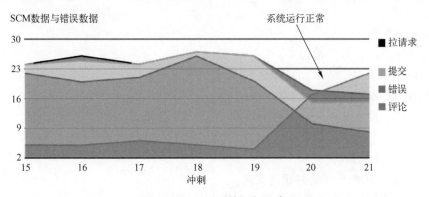

图 4-22　显示系统运行正常

图 4-22 显示，随着开发和质量管理协作的增加（在这种情况下，通过显示拉请求的评论），错误数量下降很快。这对团队来说是个好消息，他们决定推进这一过程。开发经理邀请另外一个 QM 团队成员与开发人员合作，进行代码审查和质量检查，避免将开发完成的代码直接交给 QM 团队。

质量工程师

长期以来，在软件工程中质量部门的职责就是进行检测，确保软件的各项功能规范正常运行。这不是一个工程学科，QA/QM 部门中的许多人都不是工程师。对于一个真正拥有自主权的团队来说，质量工程非常重要。质量工程师的角色就像 QE、SDET 以及测试工程师一样，开始变得越来越受欢迎。由于在软件工程中，各个阶段有不同的质量标准，因此该角色无法定义清楚，通常是一个以前干过质量工作，最近又学会了编写代码的人担任，或者是一个测试专家担任，或者这两类人都不是，由一个具有质量管理理念的高级工程师来担任。

随着时间的推移，提交和拉请求数量在不断增加，开发团队开始重视软件质量，努力编写结构良好、错误率少的代码。开发团队调整了策略，整合 QM 和开发团队的力量，发现并修复一些问题，然后将代码部署到测试环境中。

4.6　小结

源代码管理可以用来编写代码和审查代码，也可以补充 PTS 数据，以便更好地了解团队运行情况。与集中式 SCM 系统做比较，使用拉请求工作流和分布式版本控制，能够获取更多的数据。通常基于 Web 的 DVCS 系统，如 GitHub 有内置图表，可以了解团队的使用情况。

- 团队使用 SCM 来管理他们的代码库。
- 能够从 SCM 数据中获取以下信息：
  - 谁在修改代码？
  - 代码库中的代码发生了多大变化？
- 有一些问题，可以使用 SCM 数据回答：
  - 谁在做什么？
  - 谁在帮助谁？
  - 工作中投入了多少精力？
- 在 DVCS 中使用拉请求，能够从 SCM 中获取很多数据。
- 从 SCM 中寻找一些关键趋势：
  - 拉请求、提交和评论之间的关系。
  - 拒绝拉请求与合并拉请求。
  - CLOC 的变化情况。
  - SCM 数据与 PTS 数据的相互关系。
- DVCS 系统优于集中式系统，有以下几方面原因：
  - 它们能够提供比集中式 SCM 系统更多的数据。
  - 它们可以使用流程来改善开发过程。
  - 它们拥有便利的 API，更容易收集数据。
- 将拉请求与评论和代码审查相结合，改进团队协作过程。
- 使用 GitHub 的 Pulse 和 Graph 按钮，能够查看许多有关项目状况的信息。
- 在集中式 VCS 的商业工具中应用可视化技术。

来自 CI 和部署服务器的趋势和数据

前面执行了项目跟踪和源代码管理，接下来就是 CI 系统。它处在应用程序生命周期第三个阶段，如图 5-1 的高亮部分所示。

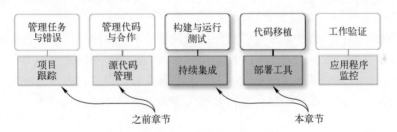

图 5-1 在软件开发周期中持续集成

可以在 CI 系统中编写代码、运行测试、分析功能模块，以及在某些情况下部署代码。在工作流程中进行任务管理和源代码管理时，各个团队执行不同的 CI 系统。软件的构建方式也会根据所构建的软件的功能而有所不同。

在收集数据之前，讨论一下持续开发的含义，以便知道需要查找的对象以及可以从开发过程中使用的对象。如果修改一下第 3、4 章提出的问题，使用 CI 数据了解图 5-2 中谁、什么时间和干什么的具体含义。

你能够使用 CI 回答以下问题：

■ 向客户交付新版本的速度有多快？

■ 能够快速向客户交付新版本吗？

■ 开发团队成员如何相互协作？

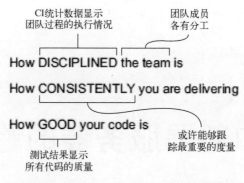

图 5-2　能够使用 CI 数据回答基本问题

- 编写代码的质量高吗？

如果将 CI 数据和第 3 章的 PTS 数据以及第 4 章的 SCM 数据相结合，可以通过以下问题获得一些有趣的见解：

- 安排的任务是否合适？
- 估算得准确吗？
- 团队完成了多少工作量？

结合数据的研究将在第 7 章中介绍。本章确保读者了解持续开发的含义。

5.1　什么是持续开发

在当今的数字时代，客户期望他们所使用的软件被不断改进。移动设备和网络接口无处不在，并且发展迅速，以至于普通客户期望连接数据的接口被不断改进。为了提供给客户最有竞争力的产品，开发团队不断地集成、测试和部署变更，以满足客户的需求。团队每天多次模拟客户的体验，进行验收测试，发挥其最大潜力，确保产品做到极致。

5.1.1　持续集成

从 CI 开始持续开发，不断地构建和测试代码，这是团队更新代码的普遍做法。执行 CI 的简单流程如图 5-3 所示。

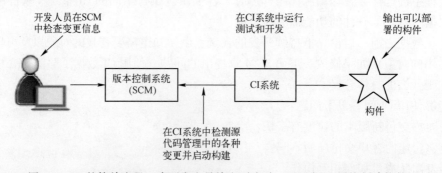

图 5-3　CI 的简单流程（当开发人员检查更改时，可以在 CI 系统创建构件）

从理论上讲，多个团队可以执行同一个 CI 系统，共享同一个代码库，其中 SCM 是代码库的数据来源。多个开发人员同时开发同一款软件产品，要考虑彼此代码的变更，因此 CI 系统采取在 SCM 中进行一个或多个更改，并运行脚本，用最简单的方式编译代码。CI 系统可以使用应用程序的构建脚本来定义多个作业，具有极其灵活的复杂流程。典型的 CI 包含运行测试，打包多个模块和复制模块。

一般 CI 系统包含 Jenkins（jenkins - ci. org/）、Hudson（hudson - ci. org/）、Bamboo（atlassian. com/software/bamboo）、TeamCity（www. jetbrains. com/teamcity/）和 Travis CI（travis - ci. org/）。尽管各自具有不同的功能，但能够共同执行同一个任务，也可以在 SCM 系统中更改运行代码库中的任何脚本程序，并将结果输出。

有关 Jenkins 的一点说明

Jenkins 之前称为 Hudson，是一个开源的 CI 系统，非常流行，它有许多便于设置和管理的功能插件，另外还有一个非常活跃的社区。当 Hudson 变成商业软件时，其开源版本演变成 Jenkins，它是迄今为止最流行的持续集成工具之一，在本书中有它的示例。如果读者对它不熟悉，想进一步了解，可登录 Jenkins 的页面：jenkins - ci. org/。注意，在本书中使用 Jenkins 所做的一切，都可以应用到其他 CI 系统中。

构建脚本是 CI 过程的核心功能，以代码的形式告知 CI 系统如何编译软件、组合模块并打包。构建脚本实际上在 CI 系统中集成模块时，编写应遵循的指令代码。常见的构建框架有 Ant，Nant，Ivy，Maven 和 Gradle。构建脚本的功能强大，可以管理依赖关系，确定运行测试的时间和测试内容，以及检查构建中的某些条件，以确定集成应该继续还是停止，以及返回错误。图 5-4 显示了一个构建脚本的典型示例。

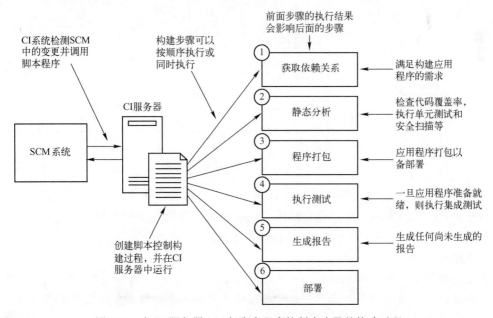

图 5-4　在 CI 服务器上运行脚本程序控制多步骤的构建过程

可以将构建脚本视为一组说明，描述如何构建代码和将代码打包成可部署的形式。

5.1.2　连续交付

有趣的是，敏捷宣言的第一个原则是"连续交付"。

"我们的首要任务是要尽早地以及连续交付有价值的软件来满足客户。"——敏捷宣言隐含的原则

Jez Humbe 和 David Farley 在《连续交付：通过构建，测试和自动部署发布可靠的软件》（Addison-Wesley，2010）一书中详细地介绍了连续交付这一术语。基于 CI 的 CD 编排多个构建步骤，协调不同级别的自动化测试，以及在多种情况下，将 CI 系统所构建的代码移植到客户的开发环境中。尽管能够使用一般的 CI 系统处理 CD 事务，但也可以使用专门的 CI 系统。这些做法建立在以下几个事实上：

- 客户期望并要求不断改进其产品。
- 多次进行小的改进比进行一次大的改进容易得多。
- 当变化很小且有针对性时，更容易跟踪其价值。

CD 系统有 Go（www.go.cd）、Electric Cloud（electric-cloud.com）、Ansible（www.ansible.com/continuous-delivery）和 Octopus（octopusdeploy.com）。

这些系统也可以用于执行 CI，有能力协调一个构建链的多个组成部分。当有复杂的构建链（如图 5-5 中的构建链）时，这将特别有用。

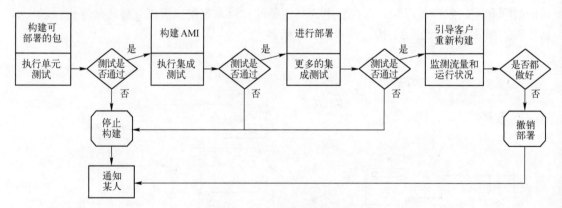

图 5-5　一个复杂构建链的示例

在图 5-5 中，从获取代码一直到全自动化开发，很大程度上依赖于每个阶段的测试。这个构建链包括单元测试、构建机器映像、处理部署以及确保交付新版本的过程不会中断。它编排得如此复杂，跟使用 CI 或 CD 工具没有区别。

转移到连续交付

大多数软件开发项目都执行 CI，如果让团队执行 CD，就应该转变观念。让团队理解并接受这个变化，自动地部署给客户，经常或每隔几周就要更新版本，他们会很吃惊。一旦每天根据客户体验进行多次修改代码的时候，需要对构建系统进行重大调整，以适应所需要的自动类型。也可能对测试方式做重大调整，因为 CD 系统中的所有测试，都应该依靠可信赖

的自动化，而不是手动按钮。这明显（但很少）是要充分利用 CD 很好地理解为什么这样做，以及如何监控变化是否成功。幸运的是，如果将从本书学到的东西付诸实践，监控会变得很容易。

5.1.3　连续测试

连续测试（CT）也是 CI 的一部分，当要修改代码时，需要进行连续测试。团队花费时间进行自动化测试，编写代码的同时编写测试脚本，在构建过程和本地开发环境中不断地进行测试，并使用最终的测试结果以持续改进过程。

为了弄清楚发生测试的地点及测试的内容，可以查看图 5-6 中高亮显示的部分，也就是图 5-5 中的测试。

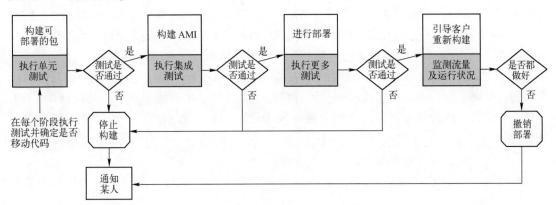

图 5-6　在 CI/CD 范围内的连续测试

图 5-6 中高亮显示部分说明在执行 CD 的每个阶段，都要依赖自动化测试，以确定下一个部署阶段。如果这些数据足够丰富，则能够在自动部署过程中做出决策，有助于更好地了解团队的运行状况。尤其当与 VCS 配对时，可帮助指出一些问题：

- 代码中的特殊故障点正在减缓工作速度——通过识别代码库中有重大技术债务的部分，可以预料消除技术债务花费的时间超过预期。可以使用这些信息调整估算或者客户的期望。
- 团队对于自动化的承诺——具有很强的自动化能力的关键就是要求团队将变更的代码快速地交给客户。测量有助于确定团队潜在的交付速度。

从 CT 获取数据很简单，只需要单击 CI 系统发布的测量结果即可，因为 CI 或 CD 系统会发布或解析这些结果。

5.2　准备分析：生成最多的数据集

CI 系统提供的默认数据点含有构建的当前运行状况和历史记录，能够从运行测试或者定义的构建步骤中获取该数据点。但是如果想回答更多有趣的问题，如在本章开始处所提出的：

- 发布代码的速度是多少？
- 估算准确吗？
- 第一次完成了任务吗？
- 团队完成了多少工作量？

应该使用以下提示，以确保生成最多的数据集。

5.2.1 设置交付管道

设置交付管道。交付管道的重要性超过构建脚本，一旦产品被测试、构建和分阶段部署以后，通常要进行其他协调的工作。可能需要进行系统测试，根据测试结果部署具有特定环境参数的代码，或组合较大系统的各个部分，以完成部署。构建自动化非常复杂，部署场景可能很棘手，这正是由于管道专业化。通过自动化复杂的构建过程，能够从管道获得数据，了解产品交给客户的速度。当分解该数据时，可以找出修改哪些地方，能够提高交付产品的速度。

如果有一个 CI 系统，插入之前所做的操作，并生成报告。如果不这样做，建议看一下 Jenkins 或 GoCD（www. go. cd/）。GoCD 像 Jenkins 或 TeamCity 一样，也是一个 CI 系统，都能够构建代码、运行测试和生成报告，可以将此报告放到度量收集系统中。可以使用 GoCD 管理交付管道，将构建或部署转化为可视化的步骤。Jenkins 非常流行，能够使用插件来管理管道。

一旦要设置管道，需要考虑以下几个方面：

- 使用 SonarQube（www. sonarqube. org）进行静态分析，能够获取很多有关代码质量的数据点。
- 如果不使用 SonarQube，则能够在构建过程中构建工具，包括 Cobertura（cobertura. github. io/cobertura/）、JaCoCo（www. eclemma. org/jacoco）或 NCover（www. ncover. com/）。
- 一个标准测试框架，能够生成容易理解的报告，如使用 TestNG（testng. org/doc / index. html）和 ReportNG（reportng. uncommons. org），在构建系统的过程中，通过 API 生成有用的报告。

在将产品交付给客户之前，在管道中使用这些技术，能够更好地洞察代码质量，发现潜在的问题，同时也有助于深入了解自己的开发过程。

5.3 可以从 CI 的 API 获得要使用的数据

用户很难获取 CI 服务器的数据，很大程度上依赖于系统的构建方式。若是简单构建，则可能获得很少数据；若是复杂构建，则可能获得有关质量、构建时间和版本信息方面的数据。如果在设置 CI 系统时，考虑了数据收集，则可以对开发过程有更深入的了解。

5.3.1 获得 CI 服务器的数据

构建脚本可以定义项目的构建方式以及此过程中发生的情况。在构建脚本的过程中，能够通过 CI 系统发布报告，详细描述每一步骤信息。最普通的构建服务器也有很多 API，因为它们是自动化的核心。如果使用 Jenkins，能够通过 REST 进行交流，只需要将 "/api/json？pretty=true" 添加在任何 URL 后面。清单 5.1 显示，能够通过检查 Apache 构建服务器，从 Jenkins 的主控制面板获取一些数据。若想了解更多详细信息，可以登录 Apache 网站：builds. apache. org/api /json？pretty = true。

清单 5.1　Jenkins 仪表板对 Apache 的构建服务器的部分响应

```
{
"assignedLabels" : [
{
}
            ],
        "mode" : "EXCLUSIVE",
        "nodeDescription" : "the master Jenkins node",
        "nodeName" : "",
        "numExecutors" : 0,
        "description" : "<a href=\"http://www.apache.org/\"><img
            src=\"https://www.apache.org/images/asf_logo_wide.gif\"></img></a>\r\n<p>\r\
            nThis is a public build and test server for <a
            href=\"http://projects.apache.org/\">projects</a> of the\r\n<a
            href=\"http://www.apache.org/\">Apache Software Foundation</a>.
            All times on this server are UTC.\r\n</p>\r\n<p>\r\nSee the <a
            href=\"http://wiki.apache.org/general/Jenkins\">Jenkins wiki page</a> for
            more information\r\nabout this service.\r\n</p>",
        "jobs" : [
        {
        "name" : "Abdera-trunk",
        "url" : "https://builds.apache.org/job/Abdera-trunk/",
        "color" : "blue"
        },
        {
        "name" : "Abdera2-trunk",
        "url" : "https://builds.apache.org/job/Abdera2-trunk/",
        "color" : "blue"
        }
        ...
```

```
构建服务器        "mode": "EXCLUSIVE",
的一般信息        "nodeDescription": "the master Jenkins node",
             "nodeName": "",
             "numExecutors": 0,
             "description": "This is a public build and test server for projects of
              the Apache Software Foundation",
             "jobs": [
                {
                    "name": "Abdera-trunk",
通过此URL          "url": "https://builds.apache.org/job/Abdera-trunk/",
提供的作业           "color": "blue"
                },
                {
                    "name": "Abdera2-trunk",
                    "url": "https://builds.apache.org/job/Abdera2-trunk/",
                    "color": "blue"
                },
```

71

有一个关键的数据从这里消失，用户只能依赖其他数据。当用户谈论如何收集数据和映射它的时间时，数据正在消失，这似乎有点纠结，不要担心。如果进行深度挖掘，就能够找到它们。使用 Jenkins，当单击一个 URL 时，就会知道当前日期和时间。如果希望保存它们，就可以根据收集数据的频率，将日期一起添加到数据库。当寻找特定时间的数据时，可以从数据库获得该数据。清单 5.2 显示特定构建的数据，有响应的日期或时间。

清单 5.2　自特定构建的 Jenkins 响应

```
{
    "actions": [
        {},                      构建操作
        {
            "causes": [
                {
                    "shortDescription": "[URLTrigger] A change within the
                    response URL invocation (<a href=\"triggerCauseAction\
                    ">log</a>)"
                }
            ]
        },
        {},
        {                                               构建代码的详细信息
            "buildsByBranchName": {
                "origin/master": {
                    "buildNumber": 1974,
                    "buildResult": null,
                    "marked": {
                        "SHA1": "54ad73e1adb22fd84fdd1dfb5c28175f743d1960",
                        "branch": [
                            {
                                "SHA1":
"54ad73e1adb22fd84fdd1dfb5c28175f743d1960",
                                "name": "origin/master"
                            }
                        ]
                    },
                    "revision": {
                        "SHA1": "54ad73e1adb22fd84fdd1dfb5c28175f743d1960",
                        "branch": [
                            {
                                "SHA1":
"54ad73e1adb22fd84fdd1dfb5c28175f743d1960",
                                "name": "origin/master"
                            }
                        ]
                    }
                }
            },
            "lastBuiltRevision": {
                "SHA1": "54ad73e1adb22fd84fdd1dfb5c28175f743d1960",
                "branch": [
                    {
                                        "SHA1":
                    "54ad73e1adb22fd84fdd1dfb5c28175f743d1960",
                                            "name": "origin/master"
```

72

```
                    }
                ]
            }
        }
    },
    "lastBuiltRevision": {
        "SHA1": "54ad73e1adb22fd84fdd1dfb5c28175f743d1960",
        "branch": [
            {
                "SHA1": "54ad73e1adb22fd84fdd1dfb5c28175f743d1960",
                "name": "origin/master"
            }
        ]
    },

        "remoteUrls": [
            "https://git-wip-us.apache.org/repos/asf/mesos.git"
        ],
        "scmName": ""
    },
    {},
    {},
    {}
],
"artifacts": [],
"building": false,
"description": null,
"duration": 3056125,
"estimatedDuration": 2568862,
"executor": null,
"fullDisplayName": "mesos-reviewbot #1974",
"id": "2014-10-12_03-11-40",
"keepLog": false,
"number": 1974,
"result": "SUCCESS",
"timestamp": 1413083500974,
"url": "https://builds.apache.org/job/mesos-reviewbot/1974/",
"builtOn": "ubuntu-5",
"changeSet": {
    "items": [],
    "kind": "git"
},
"culprits": []
}
```

链接回Git代码库

构件列表

现在构建吗

构建多长时间

构建花费多长时间

生成构建号

构建完成的时间

构建成功还是失败

用户可以根据日期来收集数据，但如果想了解之前的情况，则必须多做一些查询。

用户可以从 CI 了解系统构建的质量，根据这些数据，了解项目的整体状况。如果大部分时间内的构建都失败了，则表明很多地方可能会出错。如果构建一直很好，通常是一个好的迹象，但是并不代表完美。这个度量本身很有趣，但真正增加了从应用程序生命周期中收集到的数据的价值。

用户能够从 CI 获取自己想要的数据。因为控制构建系统，在构建过程中可以发布任何报告，并分析数据。这些报告能够回答"在编写高质量的代码吗?"。接下来是一些工具和框架的应用示例，能够产生报告:

■ TestNG——执行测试的工具; ReportNG 能够生成报告的工具。

- SonarQube——运行它以获取报告，包括代码覆盖率、依赖性分析和代码规则分析。
- Gatling——具有丰富的绩效基准测试报告功能。
- Cucumber——用于 BDD 测试。

接下来读者会看到一些测试框架以及所提供的数据。

TestNG 或 ReportNG

TestNG 是一个流行的单元测试或集成测试框架。ReportNG 将 TestNG 的运行结果转化成易于阅读、易于通过 XML 或 JSON 与接口连接的报告。这些报告提供了运行成功和失败的测试数量以及所花费的时间；也可以分析每个测试，找出其失败原因。

SonarQube 和静态分析

SonarQube 是一个功能强大的工具，能够提供大量有关代码编写质量和测试覆盖率的数据。读者应该阅读一些有关 SonarQube 书籍，其中由 G. Ann Campbell and Patroklos P. Papapetrou 所写的一本书名为《SonarQube in Action》（Manning，2013；www. manning. com/papapetrou/），很具有代表性。在第 8 章中会讨论使用 SonarQube 测量软件质量。

Gatling

Gatling 是一个用于压力测试和基准测试的框架。可以使用它来定义具有域特定语言的用户场景，在测试期间修改用户数，以及查看应用程序的执行情况。这种类型的测试从另一个角度回答了 "软件是否构建得很好？" 这个问题。静态分析和单元测试可以给出编码是否正确，而压力测试会给出客户对产品的体验。使用 Gatling，还可以看到页面在压力下的响应时间、错误率和延迟。

BDD 测试

行为驱动开发（BDD）是用 DSL 描述行为方式，进行测试的实践。这样能够更容易地理解错误测试造成的影响，因为能看到对客户不起任何作用的方案。

最后，BDD 测试将会输出测试结果或部署结果。可以使用添加到构建过程的报告回答以下问题：

- 代码运行的结果是否与期望相一致？
- 测试效果怎么样？
- 部署过程是否一致？

通过回答这些问题，能够了解开发过程的成熟度。开发过程比较好的团队会执行稳定、一致的测试，具有完整的测试覆盖率，并进行频繁部署，从而为其客户提供增值服务。

如果读者想学习 BDD，推荐阅读由 John Ferguson Smart 编写的《实践中的 BDD：软件生命周期中的行为驱动开发》（Manning，2014；www. manning. com/smart/）。

5.3.2　单独从 CI 获取什么

用户能够在 CI 系统中集成代码、测试（进行 CT），以及在不同环境下部署代码。接下来演示 Jenkins，它是迄今为止最好的 CI 系统之一。

首先要讨论的第一个报告是 Jenkins 仪表板上的天气报告。当登录 CI 系统时，首先看到作业列表以及它们的运行状况。可以从这个报告看到天气状况，如图 5-7 所示。

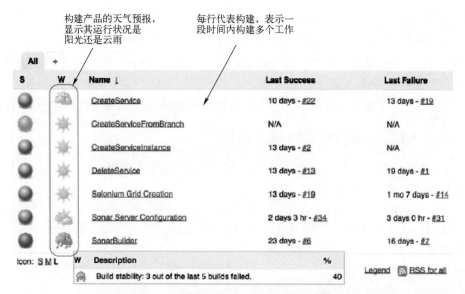

图 5-7　使用 Jenkins 所显示的天气预报

用户能够从天气报告中了解构建被破坏或传递的频率。数据本身很有趣，因为最终想通过构建，实现新功能，最后交给客户使用。但工作经常被暂停，这并不糟糕，可能因为团队正在承担风险，能够计算风险在很多时候都是对的。以非正常的方式进行构建会产生许多问题。通过将 SCM 的 CLOC 和所收集的其他数据合并，能够找到问题的根源，理解当前的处境。

如果能在构建过程中生成报告并发布，就可以从 CI 系统中获取更多数据。之前讨论过使用构建脚本生成报告，便于在 CI 系统中访问和使用。

5.4　CI 关键度量：找出数据的趋势

用户能够从 CI 获取有关构建成功和失败的信息，即使这些度量信息看起来简单，但是对它们的解释会产生歧义。

如果大部分时间构建失败，那显然是个大问题；相反，如果构建十分顺利，意味着你的团队很棒，但也有以下问题：

- 团队没有做任何有意义的工作。
- 没有执行任何测试。
- 对构建的质量检测已禁止。

当遇到此类问题时，使用一些数据来了解构建过程，这个想法不错。能够通过查看 CI 构建的详细信息，了解以下内容：

- 测试报告。
- 测试总数。
- 测试成功和失败的百分比。
- 静态分析。

- 测试覆盖率。
- 代码违规。

如果使用 CI 系统部署新版本，则可以获得构建频率，这是 CI 的关键度量，能够计算出向客户交付新版本的速度。

用户可以从 CI 系统收集数据，并结合其他数据来跟踪一些 CI 度量。

5.4.1 获取 CI 数据并将其添加到图表中

离开 CI 系统最简单的方法是建立成功的频率。接下来将会看到：

- 成功的或失败的构建。
- 代码审查流程运行状况。
- 当地开发环境的状况。
- 团队考虑过开发高质量的软件吗？
- 部署频率。
- 向客户发布新版本的频率。

用户所获得的数据在很大程度上依赖于对 CI 系统的使用方式，接下来的示例将展示集成代码和部署代码所获得的数据。

从集成代码开始，将会看到构建成功与失败的不同之处，如图 5-8 所示。

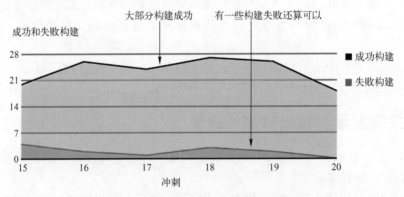

图 5-8　项目构建成功或失败的运行状况

在图 5-8 中会看到一些失败的构建，经常会出现在一些复杂的项目中。如图 5-9 所示，当失败的构建在整个构建中占有很大比例时，令人担忧。这通常是一个错误的信号，需要深入挖掘。

如果认为图 5-9 不理想，那么可能认为图 5-10 比较好。

正如在本章前面所提到的，并不总是这样。如果向图中添加更多的数据，如测试覆盖率或测试运行值，如图 5-11 所示，那么可以全面了解构建可行性，或者在没有检查的情况下，添加一个代码增量。

图 5-11 显示了一个团队良好的构建，但没有做任何测试。在这种情况下，所呈现的趋势没有任何意义。如果不做任何测试，构建只需要编译通过就可以。希望看到的趋势应该像

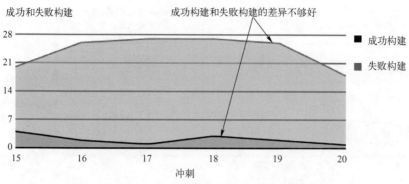

图 5-9　一个令人担忧的趋势：构建失败

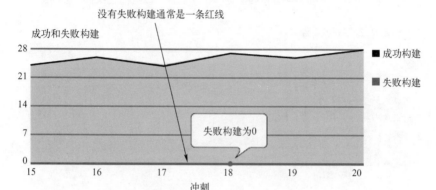

图 5-10　没有出现失败的构建

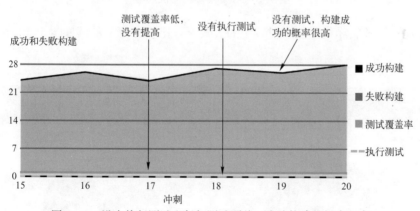

图 5-11　没有执行测试和任何测试覆盖，成功构建的概率很高

图 5-12 那样。

　　构建可视化数据的另一种方法就是显示一段时间的版本号，如果在每个冲刺结束时或间隔几个冲刺结束时发布，则在图形的某一点上显示版本号会很有用，如图 5-13 所示。

　　如果有一个很棒的团队执行 CD，每天发布多个版本，将其全都放到图表上，就会十分混乱，很难理解，应该只在图表上显示好的版本号和差的版本（引发问题或必须回滚的版本）号以及其他构建数据。在这种情况下，如果自动化程度很高，则会看到发布之前构建

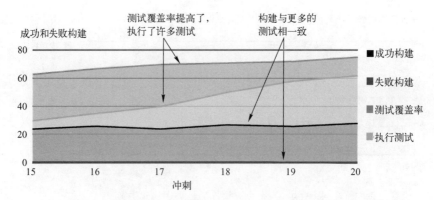

图 5-12　没有失败的构建，代码覆盖率正在上升，每次都会执行更多的测试

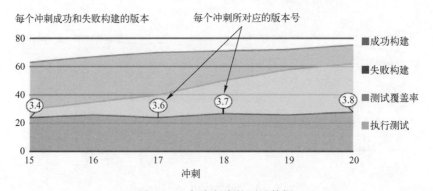

图 5-13　每个版本的测试数据

失败的百分比，以及实际代码发布时较小的失败百分比。有一个示例如图 5-14 所示。

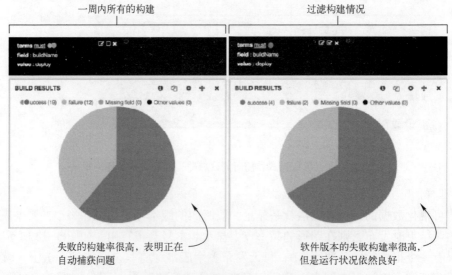

图 5-14　显示团队每天多次部署代码的所有构建成功/失败百分比，
以及触发释放的构建过滤的百分比

图 5-14 中所描绘的团队一周构建 31 次, 发布软件 6 次, 其中发布失败率占 38.7%, 构建失败率占 33%。尽管发布软件有很高的失败率, 团队每周仍然有 4 次成功的部署, 这已经很不错了。现在设想一下团队每月发布两次新版本, 其中有 33% 的失败率, 这意味着团队有时候会一整月不向客户发布新版本。对于每天都要发布的团队来说, 由于发布频率较高, 对于失败的容忍程度要更高。每两周发布一次新版本的团队, 通常期望成功的部署率接近 100%, 这是一个很难实现的目标。

5.5 案例研究: 使用 CI 数据衡量过程变化的好处

在第 4 章中讲述了度量团队并反馈信息有利于提高团队的绩效。开发团队使用拉请求工作流, 在开发过程中进行质量检测, 通过衡量一些关键度量, 跟踪开发过程并验证所做的修改产生的影响。顺便提醒一下, 团队结束时的理想状态如图 5-15 所示。

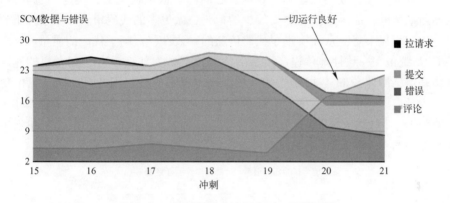

图 5-15 显示团队完成任务时一切都不错

团队十分兴奋, 将结果告诉领导, 显示他们干得不错。同时, 他们也面临一些问题:
■ 在提高发布新版本的速度吗?
■ 工作量是否超出了预期?
如果将它们和本章开始处提出的问题进行比较, 会得到以下结果:
■ 正在满足或能够满足客户的需求有多快? = 在提高发布新版本的速度吗?
■ 团队成员如何协调一致地工作? = 工作量是否超出了预期?
团队决定向表中添加更多的数据。由于他们的部署受到 CI 系统控制, 如果在此提取数据, 则能够映射版本与其他数据。
第 3 章讨论了敏捷开发的标准度量: 速度。可以使用另一个数据点来跟踪速度的一致性, 这就是 CI 系统的良好构建与失败的构建。将速度添加到表中, 如图 5-16 所示。
基于图 5-16 中显示的数据, 发现了一些问题:
■ 速度不一致。
■ 发布的时间间隔太长。

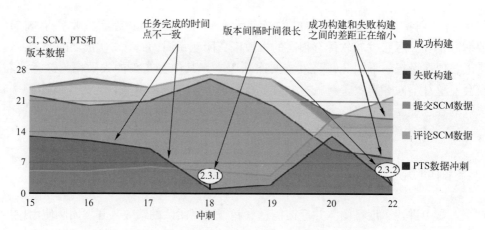

图 5-16　在案例研究中添加了版本号和速度

但是也有好的一面，成功构建和失败构建之间的增量正在变大，构建的总数量在减少，这正是人们所期待的，因为团队在提交较少的代码，做更多的代码审查。从总体上看，失败构建的百分比在明显下降，从而实现了代码传递的一致性，提高了代码的质量。

如果 CI 系统正在一致性地传递高质量的代码，那么为什么没有达到一致的速度？仔细看一下就会知道，即使 SCM 数据相当的一致，速度也不一致，因此，团队估算出现错误也不足为奇。为了更深入地研究，他们决定查看冲刺阶段的估算分布。他们使用 2 作为估算基数，最大值为 16，因此一个任务的估算取值可以为 1、2、4、8、16。在一个冲刺中任务估算的分布情况如图 5-17 所示。

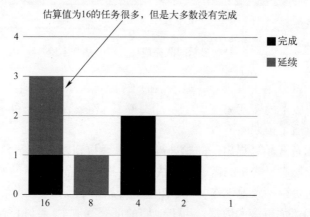

图 5-17　在一个冲刺中任务估算的分布情况；多少任务已经完成，
多少任务延续到下一个冲刺中

通过对图 5-17 进行分析，就会发现大多数任务的工作量很大，较大的任务不可能按时完成。因为团队没有完成冲刺目标，不得不推迟新版本的发布。如果任务规模大小合适，或许就会正常地传递代码，可更加频繁地发布新版本。

团队开始打破惯例，将估算值为 16 的任务分解成更小、更易于管理的工作块。经过几个冲刺以后，注意到交付速度开始增长，如图 5-18 所示。

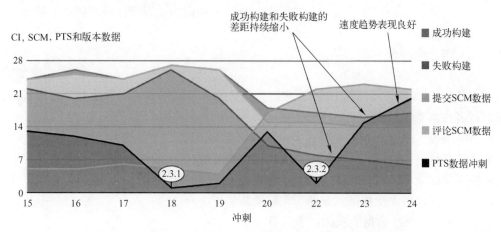

图 5-18　速度不再下降，成功/失败的构建趋势正在持续改善

此外，任务点的分布已经发生了很大的变化，如图 5-19 所示。

虽然团队做得比较多，失败的构建正在减少，但是客户仍然希望每一个版本具有更多的功能。团队决定频繁开发工作量较小的版本。若是将前一章的拉请求工作流和质量管理引入到开发过程中，则会提高他们对工作质量的信心。由于改进了开发流程，构建的成功率也提高了，他们对于频繁地发布新版本有极大的信心，因此在每个冲刺结束时都能发布新版本，如图 5-20 所示。

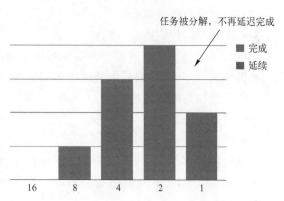

图 5-19　在一个冲刺中估算任务的良好分布情况

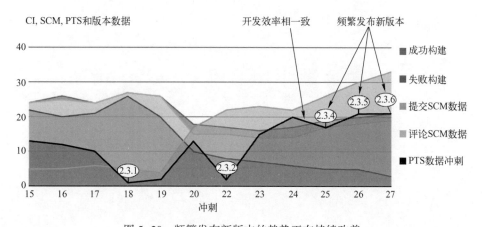

图 5-20　频繁发布新版本的趋势正在持续改善

由于对质量的承诺，因此团队频繁地发布新版本。团队有能力做出明智的决定并且衡量成功，自信心非常高。这样可以完全展示出领导团队的能力，表现出一个团队的进步。

5.6　小结

通过执行 CD /CI，可以从 CI 系统获得大量数据，了解很多关于团队和开发过程的运行状况。读者在本章学到了：

- 持续集成（CI）是频繁地集成多个代码变更的操作。
- 持续交付（CD）是在代码修改完以后就向客户发送的敏捷做法。
- 持续测试（CT）使 CD 成为可能，通常是在 CI 系统中运行。
- 持续开发产生大量数据，有助于跟踪团队。
- 分析 CI/CD/CT 数据能获取以下信息：
  - 团队是否协调一致工作？
  - 如何发布新版本？
  - 所开发的代码质量如何？
- 设置一个传递管道有助于在应用程序生命周期中更好地获取数据。
- 能够从以下 CI 数据点中获取更多的信息：
  - 成功和失败的构建。
  - 测试报告。
  - 代码覆盖率。
- 通过使用多个 CI 系统数据点，了解构建趋势的真正含义。
- 组合 CI、PTS 和 SCM 数据，有助于提高分析问题的能力。

第 6 章
开发系统的数据

本章导读：
- 如何通过执行任务为客户提供价值？
- 将开发监控的数据添加到反馈循环中。
- 充分利用应用程序监控系统。

图 6-1 显示在软件交付生命周期最后阶段所包含的本章的数据。

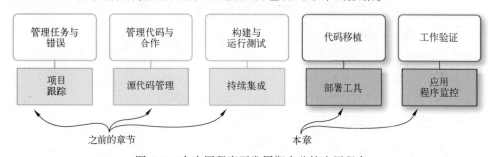

图 6-1　在应用程序开发周期中监控应用程序

一旦开发应用程序，就会看到多种类型的数据，如应用程序性能监控（APM）数据和业务智能（BI）数据，有助于衡量团队的工作绩效。

- APM 数据是从技术角度反映应用程序的表现。
- BI 数据表示应用程序为客户提供的服务。

开发系统的数据主要反映相关度量，如果代码能够满足客户的需求，就将它放到发布周期中。现在必须观察，了解代码的运行状况，以及所做的修改是对还是错。项目发起人也关注所提供的功能是否真正地满足客户需求。

到目前为止，仅仅看到了从开发周期收集的数据，其中大部分用于度量敏捷团队。

APM 和 BI 数据也很一般，不是开发团队经常使用的数据。在多数情况下，运行团队收集和监视 APM 数据，以确保系统运行正常，对客户不产生影响。一旦启动并运行应用程序，BI 团队便开始挖掘客户数据，以确保软件满足其构建的业务需求，如图 6-2 所示。

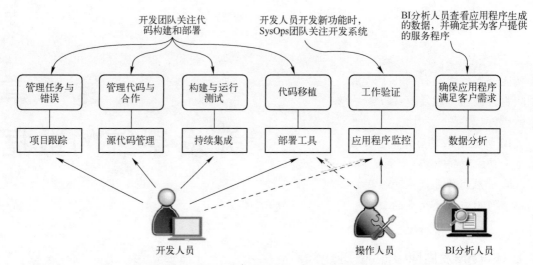

图 6-2　应用程序开发周期中的数据以及所划分的开发和运行团队

实际上，能够从面向客户的开发系统中收集和分析数据，这对于了解系统的运转情况以及客户的满意度非常有价值，其分析结果如图 6-3 所示。

图 6-3　能够回答开发和监控的问题

如果把它和收集的其他数据相联系，就会对所构建的软件有一个全面的了解。在第 7 章中将组合整个生命周期的数据并进行深入研究。现在先关注从 APM 系统中获取的数据。

开发人员可以使用很多工具来监视所开发的软件，但是，如果不考虑系统在构建数据时应如何报告数据，那么将无法从中获得更多的帮助。接下来探讨一些最佳解决方案，确保能够收集到最丰富的数据集来监视系统和提高开发流程。

关于 DevOps 说明

一个 DevOps 团队对于谁负责编写代码，谁负责系统运行代码，没有明确的分工。如果开发人员编写代码，他们应该比其他人更了解代码的功能和部署。DevOps 和第 5 章中所讨论的 CD 关系密切，DevOps 团队通常对开发监控系统有更多的控制权，因为同一个团队拥有代码并支持开发。

6.1　为分析做准备：能够收集最丰富的数据集

开发监控系统主要是用来实时分析数据，快速反馈软件系统的相关信息，无须从中获取数据。即使使用最低的触摸系统，也能够收集较好的数据，从而了解该系统性能以及客户的使用方式。

了解客户如何使用网站，关键是确保构建的软件运行正常，以及在正确的时间执行正确的功能。作者曾经看到几个团队，当发布完新版本以后，他们的 BI 功能独立，不能跟开发团队直接沟通，以及直接反馈。BI 应该紧密结合开发团队，他们的目标越一致，制订的策略就越好。

BI 和业务成功度量的区别

即使主张将 BI 和开发联系在一起，那么把 BI 开发成一个独立的功能也是有意义的。BI 团队减少应用程序产生的数据、寻找趋势以及了解各部分之间的影响，发布有关趋势和关系的报告，用以反映生成的数据对业务的影响。成功度量能够反映应用程序的使用方式和客户行为。

6.1.1　在开发周期中添加任何度量

通常情况下，一个团队会构建和测试一个功能，然后为另一个团队留下开发监控的标记。当构建功能时，应该考虑客户如何使用该产品，以及如何改善客户的体验。这种面向客户的思想有助于开发团队采取正确的方式，获得良好的数据，从而确定是否满足了客户需求。

StatsD（github.com/etsy/statsd/）和 Atlas（github.com/Netflix/atlas/wiki）这两个框架有助于度量软件功能，这恰恰与目前讨论的内容相吻合。StatsD 和 Atlas 允许开发人员在代码中添加任意度量和遥测，目的是将任意监控的所有权交给开发团队。

这些系统通过将代理安装在应用程序或者服务器上，监听应用程序的度量，然后将数据发送到一个中央时间数据服务器，用于检索数据。该过程如图 6-4 所示。

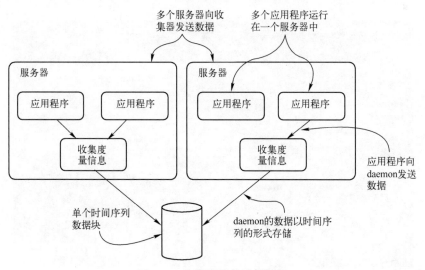

图 6-4　收集度量的示例框架

其中 StatsD 框架是最有名，它的代理程序在 node.js 服务器上运行，一些客户端可以使用不同的语言向它发送数据。一旦设置了存储时间序列数据，并运行代理程序，使用 StatsD

非常简单，清单 6.1 显示了一段使用 StatsD 的代码。

清单 6.1　StatsD 代码

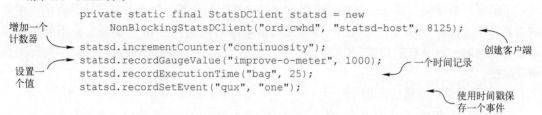

```
private static final StatsDClient statsd = new
    NonBlockingStatsDClient("ord.cwhd", "statsd-host", 8125);
statsd.incrementCounter("continuosity");
statsd.recordGaugeValue("improve-o-meter", 1000);
statsd.recordExecutionTime("bag", 25);
statsd.recordSetEvent("qux", "one");
```

增加一个
计数器

设置一
个值

创建客户端

一个时间记录

使用时间戳保
存一个事件

如清单 6.1 所示，创建客户对象和设置了合适的度量，其中 4 个不同类型的数据提供大量灵活的记录度量。可以将这种类型的遥测作为质量检测的一部分，进行静态分析或同行评审，确保在编写代码的时候，有合适的度量能够显示功能的价值。

假设有一个网站销售某种商品，而想要了解有多少用户在结账过程中使用了新功能，可以对订单数据库中的数据进行排序，通常是一些个人数据以及财务数据，这需要特殊权限和安全程序才能访问。使用任意一个度量，都能收集到与客户有关的任何统计数据。因为这些数据与客户如何使用网站有关，跟客户详细的单笔交易无关，所以其安全性不必严格，这开启了实时收集和分析数据的可能性。

通过检查应用程序是否正常运行，可以度量软件的质量。如果运行正常，应该看到所期待的度量行为。如果看到哪些度量的显示模式不正常，则可能暗示出现了问题。

StatsD 被设计连接到一个称为 Graphite（graphite.wikidot.com/faq）时间序列的数据库服务器中，在其前端显示图表，如图 6-5 所示。

特定的仪表板

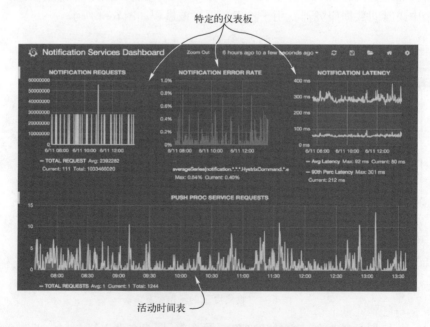

活动时间表

图 6-5　Graphite 的 Web 前端 Grafana 的屏幕截图。请注意，
显示已经在应用程序中定义的度量

从图 6-5 中能看到团队的构成以及客户如何使用该网站。

使用 Graphite

Graphite 是一个时间系列的数据库，能够连接不同的框架。在通常的示例中，基于 Web 前端的是 Grafana，用户可以在其图表中定义任何内容。尽管本书使用 Kibana 作为图表和度量聚合的前端，但其实 Grafana 与 Kibana 很相似。

6.1.2　使用应用程序性能监控系统的功能

开发团队能够从应用程序功能监控系统获取数据，解决之前代码修改出现的问题。这允许团队将应用程序的性能和开发周期相关联。通过使用 APM 系统的功能，会很容易地将产品性能和开发周期连接一起。

在 APM 系统中，也能够使用数据分析工具，但是需要设置和维护，此外，也有一些设置简单和功能强大的工具软件，专门用于检测应用程序的性能，可以在 New Relic（newrelic. com/）和 Datadog（www. datadoghq. com）两个系统中运行。

监控系统通常都不关心客户行为，只关注系统的运行状况，其监控的内容如下：

- 网络连接。
- 中央处理器。
- 内存使用量。
- 事务。
- 数据库连接。
- 磁盘空间。
- 垃圾收集。
- 线程统计。

New Relic 提供一种托管服务，可以免费使用，如果不介意每 24 小时丢失一次数据。该服务有很好的 API，因此容易收集并存储数据，以及警戒和实时监控其他数据。New Relic 允许自定义跟踪代码，以确保软件的特定功能可以正确执行。一个跟踪注释的示例如下所示：

```
@ Trace( dispatcher = true )
```

对任何想要监控的数据都进行跟踪注释，这个想法不错，但是对于软件的特定功能来说，需要特别监控以下内容：

- 连接到其他系统。
- 通过 API 进行连接。
- 使用数据库。
- 文档解析。
- 同时运行任何东西。

在 New Relic 中使用注释，可以在关键业务逻辑和外部接口上设置跟踪，从而获取更多的数据，以便能够深入了解代码的运行情况。从刚刚显示的清单 6.1 来看，如果想要使用注释，需要确保衡量了以下内容：

- 数据库连接。
- 连接到其他 API 或 Web 服务器。

如果 APM 数据中含有版本信息，则可以将数据绑定到开发周期中。在 New Relic 中，是否设置部署记录，取决于所运行的应用程序类型。图 6-6 演示了一个 New Relic 的应用示例。

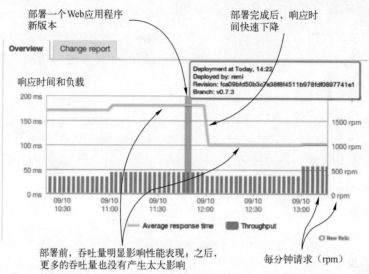

图 6-6　新的 Relic 图表数据描述代码的发布情况

从图 6-6 中能够很清楚地看到部署如何影响应用程序的性能。在这种情况下，平均响应时间下降了，可以通过映射到产生该代码的迭代，查看团队运作是否影响了该性能的提高。

6.1.3　使用日志记录的最佳做法

应用程序应该记录一些信息，至少包含错误发生时候的日志。收集度量信息的另一种方法是将它们写入日志，使用 Splunk（www. splunk. com）或 ELK（EC（www. elasticsearch. org），Logstash（logstash. net）以及 Kibana（www. elasticsearch. org/guide/en/kibana/current/））聚合日志，对其进行索引并快速检索，并将检索的结果转换成可用于监控的漂亮的图表。如果从这个角度查看日志，请尽可能多地记录日志，尤其是汇总、制图或进一步分析那些有价值的信息。应该使用最佳的方法记录日志，以确保以后能够使用日志数据。毕竟，如果不这样做，就不能突出日志的意义了。

特别是在 ISO 8601，要使用时间戳

不管记录什么东西，都应该有一个时间戳，绝大多数记录框架都支持时间戳，如果使用标准日期格式是 ISO 8601（en. wikipedia. org/wiki/ISO_8601），则搜索和阅读记录会非常方便。ISO 8601 包含时区信息，被大多数开发语言所支持。下面的代码显示了 ISO 8601 日期和 UNIX 纪元时间戳之间的差异，不幸的是很多人还在使用。

读者更喜欢哪一个？关于 UNIX 格式最令人讨厌的事情是，如果正在关注时区，则需要计算发生的日期和 UTC 时间的偏移量。

在日志中使用唯一的 ID，但要保护客户数据。

如果想跟踪日志中的特殊事件，则应创建可以索引和检索的 ID，以便在复杂的系统中跟踪事务。如果这样做了，应确保没有使用黑客喜欢的敏感数据，如社会安全号或个人隐私信息。

使用标准日志类和框架

使用 Log4J 和其他 Log4 的框架，很容易向应用程序添加日志。此外，也可以使用 INFO、WARN、ERROR 和 DEBUG 这些标准日志，为需要输出的数据设置日志。

- INFO——使用它向日志发送信息。
- WARN——使用它标记错误日志。
- ERROR——始终关注错误信息。
- DEBUG——通常不会在开发环境中查看 DEBUG 日志，除非要找出其他日志不能解决的问题，当然，在其他环境中查找错误比较好。

注意日志的反馈信息

虽然日志非常重要，但仍然看到一些团队完全忽视日志，直到客户反馈错误报告，他们才引起重视，但为时已晚，此时日志中出现许多错误，要想找出错误的根源，就像大海捞针。作为一名优秀的开发人员应该将数据写入到日志中，并时刻关注日志的反馈信息。

使用易于操作的格式

为了能够分析日志中的数据，数据格式应该易于解析、检索和汇总。因此详细制订了以下准则：

- 以文本而不是二进制格式记录事件。如果用二进制记录，则需要先解码。
- 日志应该易于阅读。日志本质上是对系统的审查，应该言简意赅，通俗易懂。
- 使用 JSON，而不是 XML。JSON 的格式很人性化，便于开发人员索引数据。可以通过记录器使用标准库，在日志中编写 JSON 数据。
- 日志上清楚地标记键值对。使用 Splunk 和 ELK 等工具，很容易解析类似于键值对的数据，这将使检索变得更容易。

6.1.4　使用社交网络与客户联系

使用固定的社交网络，是与客户保持联系的一个简单方法。根据团队所开发的项目特点，或许使用 Twitter 意义不大，可以使用像 Yammer、Convo 或 Jive 这样的内部社交网络。如果使用主题贴吧跟客户交流，也容易获取 Twitter、Yammer 或其他社交网络的数据，从而进一步了解客户对修改部分的建议。

　　一个简单的示例是通过创建一个主题标签推广一个新功能，允许客户在他们所选择的社交网络上谈论。如果使用 Twitter，则很容易实现。当开发 Nike+ Running 应用程序时，创建主题标签作为社交帖子，从而准确地获取客户对于该程序的评价信息。图 6-7 显示了在应用程序中使用标签搜索 Twitter。

图 6-7　Nike+ Running 应用程序示例

　　Nike+ Running 应用程序非常有趣，拥有很多粉丝。它的成功之处就是构建社交互动，跟踪用户的体验。通过在每个 Twitter 帖子上添加 nikeplus 主题标签，能够容易地看到客户对使用程序的评价。可以借此完善新功能，调整运行方式，进一步增强客户的体验。

　　注意，Twitter 有一个强大的 API，可以用来获取数据并分析系统，但是它不公开，必须注册以后才能使用。另外，该 API 有访问次数的限制，用户必须在规定范围内使用。

6.2　使用 APM 系统中的数据

　　现在给出了一些提示，有关如何最大限度地利用数据，提高团队的绩效。开发团队能够获取开发过程中的两大类数据：

- 应用程序监控——应用程序执行所有操作产生的数据，包含：
  - 服务器和应用程序运行状况数据。
  - 一般日志。
- BI 数据——有关客户使用应用程序的特殊数据。

- 收集任意的度量数据。
- 语义日志，使用强类型事件进行更好的日志分析。

6.2.1　服务器运行状况统计

通过统计服务器的运行状况，可以了解所构建的系统的运行情况。通过查看崩溃率、堆栈和服务器的运行状况，能够分析代码的运行情况或资源的利用情况。

- CPU 使用率。
- 堆大小。
- 错误率。
- 响应时间。

能够从 New Relic 仪表板上看到有关 Web 响应时间等重要数据，如图 6-8 所示。

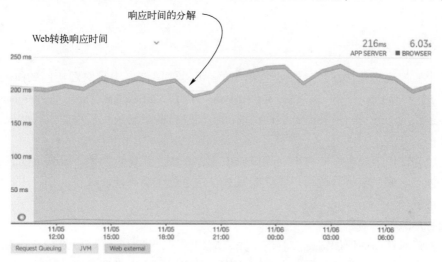

图 6-8　New Relic 仪表板显示 Web 应用程序的性能

使用 New Relic，可以知道客户花费了多长时间浏览网站，以及访问量最大的网页，如图 6-9 所示。

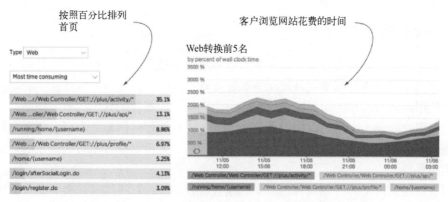

图 6-9　New Relic 转换视图显示客户浏览网站所花费的时间图

可以使用这些度量，了解客户对于应用程序的体验。重要的是设置应用程序的服务级别协议（SLA），以帮助定义客户的体验。如果这样做了，则不要只看当前应用程序的执行情况，而是要考虑客户的期待。他们是否满意4 s内加载的网页，或1 s内实现SLA？他们期望从立即输入某种类型的数据中获得结果，还是期望转储一些数据，并在以后看到结果？

观察SLA的性能趋势很有趣，因为能够把它与从项目跟踪、源代码管理和CI中收集的数据进行比较。是牺牲应用程序的性能以提高团队的绩效，还是在整个开发周期中始终保持应用程序性能的优先地位？当团队完全专注于开发新功能，而不关心产品的实际运行状况时，很容易忽视应用程序的性能。

反馈应用程序的运行状况

保持应用程序正常运行是客户满意度的重要因素。理想情况下，很好的响应时间会影响潜在的客户。一个好的APM系统会提示性能出现问题的时间及地点，一旦发现问题，就应该抓紧时间解决。

6.2.2 客户使用率

另一个监控策略是观察客户如何使用网站。可以使用许多工具跟踪访问的页面和网站，如Google的Analytics（www. google. com/analytics/）和Crittercism（www. crittercism. com/），不仅能够跟踪网站的访问量和浏览页面的时间，而且也能了解应用程序的运行状况，以及所谓的转换率。

根据成功使用应用程序的标准，除以使用者总人数，就是转换率。成功可能表示商品销售额、广告点击率，或与其他用户建立的联系。这有利于提高商业收益，在将用户转换成客户方面取得成功。

处理客户反馈的信息

了解客户对产品的使用情况，有助于完善应用程序，进而更好地服务客户。如果存在客户没有使用的功能，就应该反思其存在的价值。对应用程序中表现最好的功能，应该力求完美，确保客户获得最好的服务。

团队尝试多次发布小规模的版本。对于在每一个版本中所做的修改，一定要衡量其影响，这有助于确定下一个功能。

6.2.3 语义日志分析

了解客户对系统的使用方式，是持续改进系统的关键。如果正在收集度量和页面跟踪的数据，则有助于了解客户需求及其使用系统的方式。

如果使用语义日志和记录自定义度量，就会获得任何想要的数据。或许网站具有搜索功能，想知道用户搜索的内容，以便根据客户需求，更好地修改网站；也可以将客户每次搜索的结果保存到数据库中，然后间隔一段时间，进行数据分析，或者把每次搜索的结果记录成一个强类型事件。

使用本章之前讨论的框架和日志，实时地查看数据，可以很容易地将所定义的跟踪度量作为衡量功能成功的标准。如有一个园艺应用程序，用户可以运行它，查看一个花园中的植物，并寻找使它们健康成长的建议。如果想为客户开发最有价值的网站，那么把用户搜索作为应用程序的一个功能，有助于了解客户需求，这非常有意义。

可以通过语义日志分析，了解所设置系统产生的结果。如果在收集有价值的业务度量数据，并在升级软件产品时，观察了他们的变化情况，那么此时这些数据的应用价值非常高。

处理日志中的数据

应该减少日志中出现错误的次数，至少要修复每一个版本的错误。如果在分析日志时看到了大量的错误和警告，则暗示需要花费时间来解决技术债务。

6.2.4　用于收集开发系统数据的工具

表 6-1 汇总了在本章讨论和使用过的工具，记住，如果使用开源系统，则必须自己做（DIY）许多设置。

表 6-1　本章讨论和使用过的工具

产　品	系 统 类 型	提供的数据	收 费 模 式
Splunk	基于云，在服务器上安装代理以进行数据收集	APM、日志聚合和分析。Splunk 允许搜索发送的任何东西	按照所存储的数据量收费
EC，Logstash 和 Kibana（ELK）	自己动手做	APM、日志聚合和分析。Splunk 允许搜索发送的任何东西。它通常被称为"开源 Splunk"	设置和维护的人工成本以及基础设施和存储成本
New Relic	基于代理的云存储在服务器上进行数据收集	使用设备和 New Relic 获取大量性能数据，包含 CPU 和内存分析，网站使用统计信息，以及关键业务详细分类	存储的数据不超过一天，则实行免费，否则根据存储的数据量收费
Graphite 和 Grafana	自己动手做	这是 DIY 系统的缩影，它就像 ELK 一样，显示任何时间系列数据的图表	设置和维护的人工成本以及基础设施和存储成本
Open Web Analytics	自己动手做	收集有关访问网站、浏览网页点击次数的数据	设置和维护的人工成本以及基础设施和存储成本
Google Analytics	基于云	用于收集 Web 应用程序的使用统计信息的标准。它跟踪消费者如何浏览网站、计算网页点击次数，并跟踪转换率	多数情况下免费使用，高级版本需要收费
Data Dog	基于云	汇总来自各地的数据	功能单一免费，根据保留数据的时间和功能数收费
Crittercism	基于云的数据收集器的移动库	能获得故障率和使用统计信息，有助于了解客户浏览信息，及时解决他们的问题	收取许可费用

6.3　案例研究：团队过渡到 DevOps 模式并持续交付

在团队的开发过程中，很多地方都是使用开发环境的数据。当他们努力过渡到 DevOps 模式时，开发团队开始关注他们所开发的系统。他们进行日志分析，使用 New Relic 监控系统的运行情况，并查看开发周期中的关键度量，确保流程正常执行，甚至改进了 CI 系统，能够每天对开发部署进行小的更改。他们认为已经实现了持续交付，客户每天都能获得增值服务！

这样经过几周以后，他们获得了 BI 团队每两周一次的报告，显示客户使用系统的状况，以及变化情况。BI 团队正在跟踪网站的访问量、网站中不同页面的访问次数，以及初次访问网站的停留时间，如图 6-10 所示。

图 6-10　仪表板显示 BI 团队重点关注的内容

团队查看了 BI 报告，并了解了他们所做的工作，这与确定功能是否被成功度量没有直接的联系。对于交付的功能，团队需要弄清楚其对客户产生了多大影响。为了消除与实际情况的差距，他们将 BI 团队引入到冲刺计划中。

对于要实现的每一个新功能，他们都会问"为客户带来多大的变化，如何度量它，以及它如何影响转化？"开发团队接下来需要添加更多的按钮，其中包含一个立即购买按钮。设计该功能是基于以下考虑的：

- 他们希望立刻向客户展示许多产品，因此在弹出窗口中显示信息，而不是内联以节省空间。
- 他们认为，这些信息会吸引客户购买产品，因此会单击该弹出窗口中的立即购买按钮。

为了弄清楚如何影响客户购买产品，添加了一些自定义度量：

- 立即购买的点击量。
- 更多信息的点击量。

如果之前的假设正确，那么应该会看到更多信息的点击量很大，立即购买的点击量也很大，以及购买产品的数量会上升。

团队使用了 ELK 来记录日志，将强类型的消息添加到要跟踪的事件日志中，如图 6-11 所示。

根据图中描绘的信息，可以看到团队的工作方式、工作任务，以及向客户发布新版本时客户的体验。现在，可以使用这些数据来确定下一个功能，调整开发过程，确保交付合格的产品。

事件日志变化情况

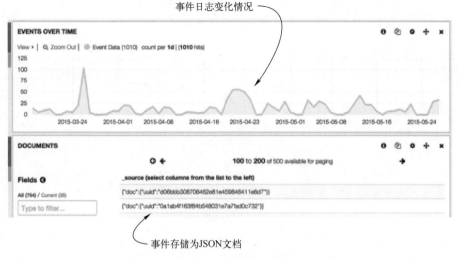

事件存储为JSON文档

图 6-11　创建 Kibana 仪表板跟踪统计数据

6.4　小结

通过本章的学习，读者了解了以下内容：

- 开发团队通常不去衡量应用程序性能监控和业务智能。
- 能够使用 APM 数据和 BI 数据，了解应用程序的构建方式，以及客户的使用方式。
  - 服务器运转统计信息显示应用程序的性能表现。
  - 任意统计和语义记录可以衡量应用程序的使用情况。
  - 使用 DevOps 模式的团队更可能访问 APM 数据。
- 可以使用 Netflix Servo 和 StatsD，将任意度量集合添加到代码中，以收集应用程序中的特殊数据。
- 使用日志记录的最佳做法，就是从日志分析中获取尽可能多的数据：
  - 使用基于 ISO 8601 的时间戳。
  - 在日志中使用唯一的 ID，以保护客户数据的安全。
  - 使用标准的日志类和框架。
  - 注意日志的提示信息。
  - 使用易于操作的格式。
- 使用社交网络，更好地与客户沟通。
- 基于 BI 数据，使用监控或语义日志，将数据反馈给开发团队，以便于衡量新功能的有效性。
- 各种开源和商业工具都可以用来监测和收集 BI 数据。

第 3 部分

度量团队、过程和软件

使用第 1 部分的概念和第 2 部分的数据集，可以将度量收集、分析和报告提升到一个新水平。第 3 部分将介绍如何把收集的数据和复杂的度量组合在一起，全面地衡量软件质量，并向整个组织报告数据。

第 7 章介绍如何组合多个数据点，以创建适合自己的过程和团队的度量，了解如何收集数据，确定跟踪对象，以及创建能够输出自定义度量的公式。

第 8 章介绍如何通过合并数据，衡量软件产品的功能表现，以及如何从可用性和可维护性两个角度来测量软件质量。

第 9 章介绍如何在整个组织中有效地发布度量，以及如何构建有效的仪表板和报告，以便向合适的人传递正确的信息，同时还会看到一些陷阱，可能会导致报告构建失败，了解如何避免它们。

第 10 章分解敏捷原则，显示如何度量团队。

跟第 2 部分一样，每一章都有一个案例研究，会看到本章技术的实践应用。

第7章
使用从各个部分所收集的数据

本章导读：
- 确定使用自定义度量的时间。
- 明确所创建度量的内容。
- 组合数据点以创建度量。
- 构建关键度量跟踪团队的绩效。

度量信息有助于做决策。在敏捷开发中，可以根据团队产生的数据来创建度量，这样有助于确定需要改进的地方。

7.1 组合数据点创建度量

创建度量的两个必要条件：
- 用于生成度量的数据。
- 计算度量的函数。

在前面的章节中，一直专注于在软件开发生命周期中收集不同系统的数据，以及分析数据或组合其他数据。现在开始使用以下步骤，组合数据点，创建自己的度量。

- 查看数据，确保心中有数。
- 分析数据，确定跟踪对象。根据自己对数据的理解，选择最有用和最有说服力的数据点来构建度量。
- 构建数据点函数。将与行为有关的多个数据点组合在一起，提供通过简单测量就能获取信息的度量。

图7-1显示了构建步骤。

在分析阶段，需要花费大量时间去分析现有的数据及其联系，以便定义出具有可操作性的度量，这在开发周期中非常有用。

正如读者在本书中所见到的那样，在软件开发周期中产生了许多数据，但是没有出现有

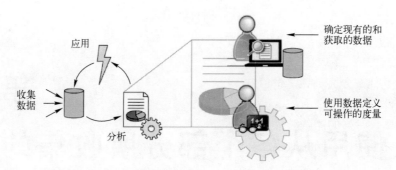

图7-1 在收集、分析和应用度量的情况下构建度量

关团队性能指标的数据点。为了显示前面章节中的最佳图表，需要收集不同系统的数据点。可以把这些数据点应用于度量，解决单个数据点无法回答的大问题。

之前讨论过一个计算度量的例子是重复率，可以了解任务在工作流中出现错误需要移动修改的频率。它只能使用 PTS 数据计算，其公式如下所示：

$$重复率=bN/(fN+bN)$$

- N 表示任务数。
- f 表示在工作流中向前移动。
- b 表示在工作流中向后移动。

在许多情况下，可以使用单个系统的数据进行计算，从而对重复率有更新的认识。这里有一个只使用 SCM 数据，计算评论提交比率的例子。如果团队的工作流中包含代码审查，有时候开发团队的领导宁愿花费大量的时间去审查别人的代码，也不愿意自己编写代码，此种现象被称为 PR 麻痹。团队领导的技术水平不高，或没有很好地分配拉请求，这通常是一个不好的现象。接下来有一个计算提交比率的公式：

$$评论提交比率=r/(m+c)$$

- m 表示合并拉请求。
- c 表示提交。
- r 表示审查。

在第 8 章中，将介绍高质量软件的构成要素。接下来将讨论另外一个重要的度量：平均修复时间（MTTR），需要使用 APM 系统的数据进行计算。MTTR 最简单的计算公式如下：

$$MTTR=f-s$$

- s 表示识别异常的开始时间。
- f 表示修复异常的结束时间。

在本章的后半部分，将看到估算的状况，或者团队估算的准确度。通过对任务完成所花费的时间与估算时间进行比较，若相等，则等级标记为 0；若花费的时间比估算时间长（低估），则等级大于 0；若花费的时间比估算的时间短（高估），则等级小于 0。

在案例研究中将讨论一个相当复杂的度量——版本状况。通过组合 PTS、SCM 和版本数据，了解团队每天连续部署和多次发布新版本的状况。

7.2　使用数据来定义“好”

在本书的其他部分会看到 3 个“好”。

- 好的软件——这将在下一章中讨论，包含构建对象、目标以及效果。
- 好的团队——好的团队通常能够开发出高质量的软件。由于团队都有各自不同的运作方式，并且使用不同的数据收集工具，因此衡量团队工作绩效的度量通常具有相对性，需要使用下一个“好”。
- 好的度量——必须为团队和软件提供良好的指标，以获取可靠的、一致的数据。使用这些数据来衡量团队和软件。

在前几章收集数据时，可能会根据团队的行为来分析数据，这些数据可能有好坏之分。同时，在查询表现良好的数据点时，可能会发现它与其他数据点的关系，这对于了解整个团队的沟通和协调很重要。通过这次分析和比较，对认为重要的度量要采取行动，并观察相关度量，直到出现有影响力的模式。

7.2.1　将主观性转变成客观性

第 3 章在 PTS 系统中标记任务时，可主观地表明任务是否运行良好。如果这样做了，就能够将主观数据转换成客观数据。

敏捷开发应该全员参与。如果想要创建一个快乐而又高效的团队，对所开发的产品拥有一些所有权，就应该要求团队尽其所能地标记任务，这可以作为一个好的指标，衡量团队的绩效。一个快乐的团队可能是一个连续高效的团队，悲伤的团队可能在一段时间内表现良好，但最终会被倦怠和消极毁掉。

曾经有一个团队回顾了之前的工作，认为不同角色的成员之间配合不够紧密，从而影响了产品交付。他们希望看到团队成员之间有更多的信息共享和协作，能够更高效和一致地交付产品。他们决定进行更多面对面的交流，热情地交接任务，而不是认为一个任务完成之后，直接交给别人并分配其他任务。如果在开发和交付过程中，团队成员协作良好，成功地跟踪度量信息，并使用“共享”标签来标记 PTS 和 SCM 系统中的任务。所谓的共享意味着人们可以分享时间和信息，一起很好地工作。在这种情况下，虽然知道开发时间和重复率应该很低，但是他们不清楚在源代码管理中应该评论多少拉请求，他们称之为“代码评论统计”。标签、代码评论统计、重复率，以及标记为“共享”任务的平均开发时间都显示在图 7-2 中。

如图 7-2 所示，重复率和开发时间看上去不错，然而对于相同的数据，团队并不认为共享信息能够提高工作绩效，如图 7-3 所示。

从图 7-3 中看到重复率和平均开发时间急剧上升，更有趣的是评论数量也上升了。当团队看到评论数量较高时，出现了如图 7-4 所示的情况。请注意，图 7-4 中添加了估算，用来显示团队认为任务完成需要花费的时间和实际花费的时间之间的联系。

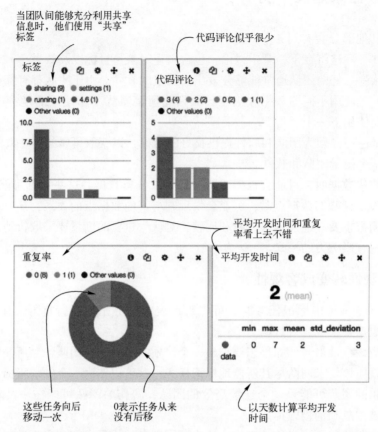

图 7-2 在一个冲刺过程中标记为"共享"任务的标签、代码评论统计、重复率和开发时间

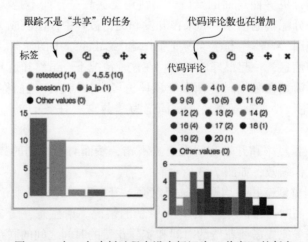

图 7-3 在一个冲刺过程中没有标记为"共享"的任务

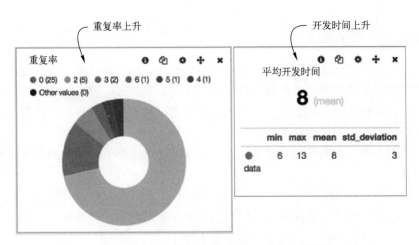

图 7-3　在一个冲刺过程中没有标记为"共享"的任务（续）

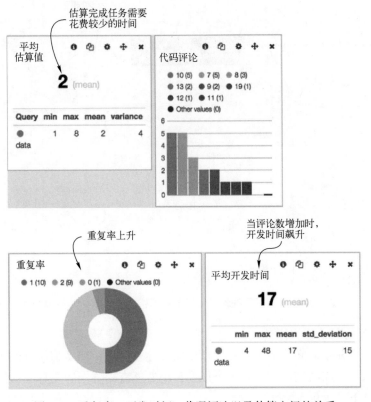

图 7-4　重复率、开发时间、代码评论以及估算之间的关系

如果估算很高，或许会看到开发时间出现巨大的跳跃，但情况正好相反：估算很低。

针对这个团队，有大量的代码评论似乎指向不良的信息共享，完成任务花费的时间比估算长，以及重复率在增加。在这种情况下，团队将之前共享有利于工作的观念，转变成客观的数据联系，并将其作为一个指标，以观察任务是否出现问题。

7.2.2 落后于良好的版本

人们希望有一个快乐的、能够按时交付产品的团队。团队应该专注于开发高质量的软件版本，了解如何调整开发过程并能够成功复制。在这种情况下，通过参照运行良好的版本，过滤数据，找出关键的数据点。正如在前面示例中使用标签标记任务，可以通过查看生成的水印，了解特定版本中的运行状况。

在下一个例子中，将看到两个版本：一个非常好的版本和一个较差的版本。首先，看看这个较差的版本。

这个版本在整个开发周期中看上去不错。团队正关注开发时间，并试图将其保持在最低限度，他们以此为目标，当这样做的时候，错误便开始累积增加，出现了一些反复出错的问题，需要花费两个多月的时间去修复，如图 7-5 所示。

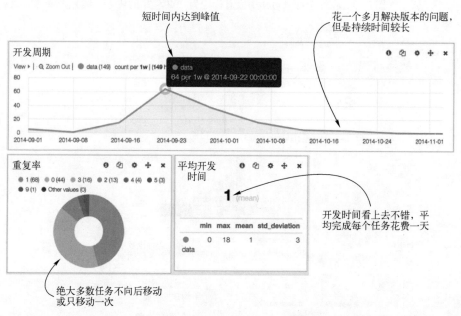

图 7-5 一个较差的版本，尽管开发时间看上去不错，但是有一些错误会延长修改时间

图 7-5 中有几个显著的特点：

- 一天的平均开发时间看上去不错。如果只关注这一点，团队似乎真的擅长分解任务。
- 即使团队在 3 周内完成了 100 多个任务，仍然还有一些问题要解决，从而使团队无法专注开发下一个版本。
- 对于那些重复率大于零的任务，在工作流中向后移动的时间大约占 70%，其中 20%的任务向后移动多次。

通过这些观察，或许会认为平均开发时间只有一天并不太好。没有一个适合的相关度量，或许团队应该关注其他度量，以确保项目运转良好。

在这个例子中，团队不能根据平均开发时间来衡量一个版本的优劣。虽然他们前期花费了较少的开发时间，但是后期需要进行大量的修复工作，这样拖延了其他版本的发布时间。

　　对比一下，开发一个功能不同的新版本，其团队的平均开发时间是 4 天，大于第一个例子的平均开发时间，但是重复率减少了，版本后期的维护时间较短，并且可以分成几个阶段，如图 7-6 所示。

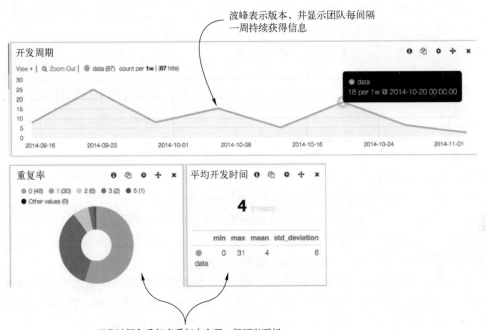

图 7-6　一个不同的版本，具有较少的维护时间、较低的重复率和较长的开发时间

在图 7-6 中，请注意观察：

- 工作流中的任务没有频繁后移，60% 的时间没有后移，少于 10% 的任务后移不止一次。
- 与图 7-5 中的版本比较，这个版本较小，含有 15~25 个任务，而不是 60 个任务。较小的版本可以进行较少的支持，但具有更多的一致性。
- 任务的平均开发时间变化很大，从 1 天变成 4 天。

如果团队在发布周期上追求一致性，那么图 7-6 所示的模式就是他们想要复制的模式。在此情况下，较长的开发时间不是一件坏事，也许团队应该考虑增加其平均开发时间。

7.3　创建度量的方式

"模型是理论的表现形式。"

——Kenneth A. Bollen

　　团队的最终目标是要求团队成员各尽所能，为了实现它，需要跟踪团队工作中最重要的环节，并将数据合并成易于跟踪和沟通的形式。在第 1 章中讨论过，如何通过提问题和思维导图，获取团队最重要的信息。现在来收集使用过的所有数据，并将其组合在一起来回答问题，以提高团队的绩效。

在开始创建度量之前，应该为度量标准制定基本规则，如下所示：

■ 度量应该具有可行性。

● 跟踪能够解决问题的度量。

● 不跟踪脱离实际或没有很好理解其含义的度量。

■ 度量应与核心业务和团队宗旨保持一致：

● 选择数据来跟踪与最终目标有关的度量，也许安全是首要目标，但对于其他人来说，也许发布新版本更重要。团队应优先考虑过程中最重要的指标，因为与其交付产品有关。

● 不要跟踪超出自己能力范围的度量。

■ 度量应该独立：

● 创建度量，以便清楚地了解开发过程或团队某些方面的运行状况。

● 不要创建一个度量，强制查看更多数据以确定其好坏。

根据这些基本规则，确定团队估算的准确度。首先将问题分解成几部分，确定可用于跟踪各部分的所有数据点。通过收集数据，定义度量，以便清楚地理解问题。一旦所定义的度量具有良好的可执行性，就可以将其纳入到开发周期中。

当将数据保存在中心数据库，对其进行索引并创建仪表板时，其他人可以查询相关数据。当花费很多时间处理来自开发小组的数据时，会思考一些问题，然而更多数据将会带来更多问题。最终会找出各种问题的来源，并了解它们之间的联系。

团队分解任务的方式值得衡量。如果每次都做一些小的改变，而不是提供大的功能，那么可以为客户做更多的工作。小的改变容易测试，可以进行一般测试以排除故障。因此，从"团队是否将任务分解得足够小？"开始，如果是这样，那么会看到：

■ 估算倾向于小范围的分布和平均估算值相当低——如果能很好地定义功能较小的任务，则也能反映团队的估算能力。

■ 减少交付时间——按交付时间衡量的单个任务的交付时间应该很短。

人们希望了解：

■ 完成这些任务实际花费的时间。

■ 估算的准确性。

7.3.1 步骤1：浏览数据

要想知道估算是否准确，可以从估算分布和平均估算开始跟踪，并收集任务在开发过程和交付周期中所花费的时间。对于那些定义明确和细分的任务，会期望开发团队能够很好地理解，顺利完成开发任务，从而缩短交付周期。可以使用一些工具，执行结果如图7-7所示。

团队在两周或10个工作日的冲刺中，使用斐波纳契数列进行估算，其中最小的估算值是1，最大的估算值是13。斐波那契数列中含有的数值为1，2，3，5，8和13，图中显示估

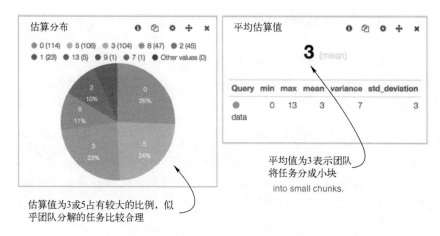

图 7-7　团队之前的估算分布以及平均估算的仪表板

算的平均值是 3。这个较低的平均估算值表明分解后的任务处于可执行的状态。

估算数据从总体上看很好，团队似乎把任务分解成了小的可管理的块，然而也需要考虑以下两点：

- 完成这些任务实际花费的时间。
- 估算的准确性。

团队表现与时间的估算

在项目跟踪系统中，经常使用故事点来估算任务，但是不能转换成开发时间，例如，16 个故事点可能意味着一个团队的开发时间是 9 天，而另一个团队的开发时间却是 14 天。不管怎样估算，都应该计算开发时间，以确定估算的时间是否准确。

在这个实例中，根据团队使用估算的系统，估算 3 点的任务应该在 2~3 天内完成。接下来引入任务实际完成的平均时间，如图 7-8 所示。

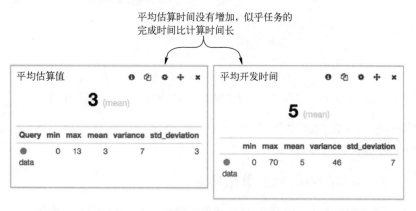

图 7-8　添加任务完成所需的平均时间，平均估算时间 3 表示 2~3 天

根据图 7-8 中所示，平均估算时间是 3 天，但是任务的平均完成时间是 5 天。在这种情况下，一个冲刺时间是两周或 10 个工作日，其最大估算值是 13，这意味着任务的平均估算

时间接近 8 天，超出其平均完成时间 3 天。接下来的问题是为什么任务完成时间比估算的时间长？

为了解决这个问题，开始查询那些看上去不正确的数据。为此，收集了所有估算值是 3，且开发时间大于 3 的数据，以及估算值是 5，且开发时间大于 5 的数据。在 EC/Lucene 中的查询如下所示：

$$((\text{devTime}:[3\ \text{TO}\ *]\ \text{AND}\ \text{storyPoints}:3)\ \text{OR}\ (\text{devTime}:[5\ \text{TO}\ *]\ \text{AND}\ \text{storyPoints}:5))$$

如前面所述，如果正在使用尽可能多的数据标记任务，就会看到从搜索中返回的标签。

图 7-9 显示了 coreteamzero 和 coreteam1 似乎比其他团队更容易发生这种情况，当任务在工作流中向后移动时，估计值往往很低。

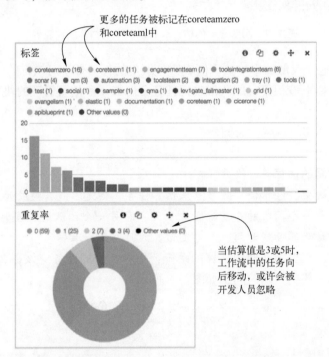

图 7-9　标签显示卡片中标记任务的执行情况，没有显示估算，
当估算值是 3 或 5 时，重复率显示工作流中任务频繁向后移动

这个数据可能会导致出现许多问题。因此，应该花时间收集数据，分析它们之间的关系，确定要跟踪的对象。

7.3.2　步骤 2：分解问题以确定跟踪对象

进行大数据挖掘很不错，但是有时很难弄清楚所观察的数据点类型。在分析完数据（一个很容易上瘾的习惯）以后，应该知道哪些数据点最能反映团队的工作状况。对 PTS 数据做了许多评论，如果团队比较小，团队成员在同一个工作地点，这可能意味着成员之间沟通出现了问题；如果多个团队分布在不同的地方，这可能意味着团队之间的沟通出现了问题。如果团队成员不做评论，彼此之间只是讨论问题，那么关于评论的这个数据点可能永远不会变化，不起任何作用。如果团队成员分布全球，使用评论来解决问题，那么关于评论的这个数据点就会变得非常重要。

获取想要跟踪的对象的一个有效的方式就是构建一个思维导图，有助于发现想要回答的问题。接下来的步骤是：

1）回答问题。

2）思考回答问题的角度。

3）注意解决问题的数据来源。

使用 7.2.1 节中的场景，团队能够创建一个思维导图，如图 7-10 所示。另一个示例就是把一个大问题划分成多个小的、可测量的块，如图 7-11 和图 7-12 所示，检查团队的估算是否准确。

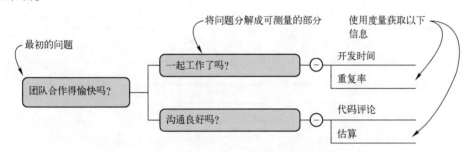

图 7-10　如何用思维导图测量团队合作

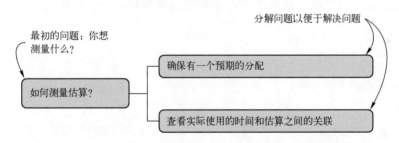

图 7-11　使用思维导图分解问题，从问题开始，分解其一个层次

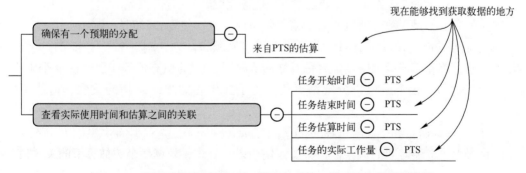

图 7-12　使用思维导图进行下一层次的分解，然后找出数据的来源

109

一旦拥有所有的数据点，就能够回答问题，使用这些数据点，将其组合在一起创建度量。

7.3.3 步骤3：通过创建多个数据点的公式以创建度量

一旦拥有相关的数据点，就可以随时停止并跟踪其他数据。只有一个数据点也比较适用，这可能适合某些人，允许查看数据组的视图，而无须调整每个数据点。这会使仪表板更加简洁，团队外部人员也可以共享信息。

如图7-11和图7-12所示，可以使用几个数据点来了解团队估算的准确性，是高估还是低估以及与实际情况的差距。如果想了解一下实际花费的时间和估算的关系，可以看图7-13。

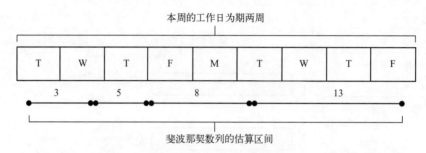

图7-13　一系列估算的可视化表示斐波纳契数列估算为期两周

首先，将使用度量跟踪估算的准确性，称之为估算状况。估算状况由以下一些数据点组成：

- 估算。
- 任务开始时间。
- 任务结束时间。
- 工作量。

进一步分解这些数据点，由于人们主要关心任务完成所花费的时间，因此可以使用完成时间减去开始时间：

$$完成任务实际花费的时间 = 任务完成时间 - 任务开始时间$$

因为估算值不是天数，所以要做的第二件事就是进行估算和时间的转换。

两周时间等同于10个工作日，其中1天用来回顾和计划，剩下9天用来工作。为了推断估算时间，首先应该最大限度地将估算转换成时间，13的估算值等于团队的9个工作日。将其作为最大值，接下来可以分解估算值。为了找出它们之间确切的关联，请使用以下公式：

$$\max(\text{estimate}_{actual}) = (\text{estimate}_{workdays} / \max(\text{estimate}_{workdays})) \times \max(t_{actual})$$

一旦得到了上述时间的最大值，就能够使用以下公式，计算剩余的估算值的关联值：

$$\text{correlation-value} = \max(t_{actual}) \times (\max(\text{estimate}_{actual}) / \text{estimate}_{workdays})$$

当掌握了估算和时间的转换公式时，就可以知道是高估还是低估。

在一些估算和时间相映射的示例中，可以使用这些公式，见表 7-1。如果在使用附录 A 中的 EC 和 Lucene 系统，它们具有查询特定数据的功能。此时，会很容易地看到其在表 7-1 中的实际应用。

注意，在表 7-1 中显示了斐波纳契数列估算与另一个含有两个估算的数列，其中后面的数值是前面数值的两倍。

表 7-1　映射估算和时间，并使用 Lucene 进行验证

估　　算	确 切 时 间	时 间 范 围	验　　证
两周的冲刺时间含有两个估算值			
16 点	9 天	7~9 天	devTime：[7 TO 9] AND storyPoints：6
8 点	4.5 天	4~7 天	devTime：[4 TO 7] AND storyPoints：8
4 点	2.25 天	2~4 天	devTime：[2 TO 4] AND storyPoints：4
1 点	0.56 天	少于 1 天	devTime：[0 TO 1] AND storyPoints：1
两周冲刺的斐波纳契数列估算			
13 点	9	6~9 天	
8 点	5.53	4~6 天	
5 点	3.46	3~4 天	
3 点	2.07	2~3 天	
2 点	1.38	1~2 天	
1 点	0.69	少于 1 天	

这样不错，但是最好有个划分高估还是低估的标准范围，例如，0 表示估算与实际花费的时间相等，大于 0 表示低估，小于 0 表示高估，其好处有以下几点：

- 可操作性好。
- 如果看到估算状态小于 0，可以减少估算时间达到正常值。
- 如果看到估算状态大于 0，可以增加估算时间达到正常值。
- 很容易沟通。
- 可以轻松地与团队分享，而无须详细解释。
- 能够快速识别这几个数据点所表达的含义。
- 可以通过仪表板显示这些数据，以使每个人都了解其最新动态。

所以需要编写一个算法，创建估算标准，计算出估算时间比率，并与其他估计值做比较，查看任务实际花费的时间是否与相应时间窗口中的估算值相匹配。

要映射估算值和时间，需要使用一个函数来计算估算的时间范围、时间大小和估算值，图 7-14 显示了这样一个算法。

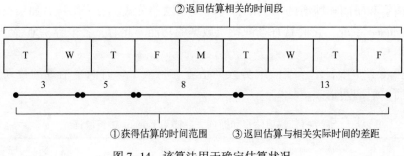

图 7-14　该算法用于确定估算状况

执行此算法的操作在清单 7.1 中概述。

清单 7.1　度量估算状况的算法

```
static def estimateHealth(estimate, actualTime, maxEstimate, maxTime,
    estimationValues) {
def result
def timeEstimateRatio = maxTime / maxEstimate          初始化变量
def estimateTime = estimate * timeEstimateRatio
def upperTimeBound = maxTime
def lowerTimeBound = 0

def currentEstimateIndex = estimationValues.findIndexOf { it ==
➥ estimate}                                            在数组中找到
                                                        输入的索引
if(currentEstimateIndex == 0) {         最低估算的下限为0
  lowerTimeBound = 0
} else {
  lowerTimeBound = estimateTime - ((estimateTime -
    ➥ (estimationValues[estimationValues.findIndexOf { it == estimate} - 1]
    ➥ * timeEstimateRatio)) / 2)
  }

if (currentEstimateIndex == estimationValues.size() -1) {   使用上限时间
  upperTimeBound = maxTime                                   进行最高估算
} else {
  upperTimeBound = estimateTime +
    ➥ (((estimationValues[estimationValues.findIndexOf { it == estimate} + 1]
    ➥ * timeEstimateRatio) - estimateTime) / 2)
}

//Calculate the result
if(upperTimeBound < actualTime) {
  def diff = actualTime - upperTimeBound      低估时间将大于0
  result = 0 + diff

} else if(lowerTimeBound > actualTime) {
  def diff = lowerTimeBound - actualTime      高估时间大于0
    result = 0 - diff
} else {
  result = 0
}                    一天内返回0
                                                深入分析
return [ raw:result, result:result.toInteger() ]    原始结果
}
```

计算下限 时间

计算上限 时间

　　这是一个简单的示例，将一些数据点组合在一起，创建一个可操作且易于理解的度量，这对团队很有价值。图 7-15 中显示了估算状况、实际完成时间、平均估算以及估算分布。

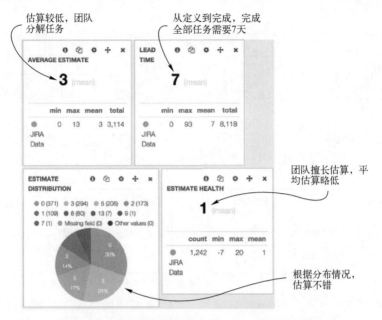

图 7-15　为了预测将估算状况添加到其他度量中

　　使用这个算法可以修改估算值，以便达到所期望交付的时间。另外，使用这些技术可以产生大量有用且易于使用的度量，其中一些有助于评估开发团队的绩效。

7.4　案例研究：创建和使用一个新度量，以测试持续交付版本的质量

　　本章的案例研究是一个执行 CD 的团队，每天多次部署新代码。在此之前，每隔几周发布一次新版本，可以从以下几个方面度量新版本的质量：

- 他们在开发环境中发现了多少在测试环境中没有发现的错误。
- 他们发布的新版本的功能有多少，或者需要执行多少任务。
- 团队发布新版本所花费的时间，一般以小时为单位。成功的发布通常花费几个小时就能完成，但是如果部署阶段出现问题，则需要花费 8~12 h。

　　若团队执行 CD 开发模式，则这些度量就没有意义了。每次部署新代码，通常只需要花费几分钟时间，并且团队每次发布新版本以后，不执行完全的回归测试。版本发布的前后过程如图 7-16 和图 7-17 所示。

　　图 7-16 显示在执行 CD 之前的过程。对于敏捷团队来说，即使两周内发生了一些变化，也要发布新版本。为此，他们修改了过程，如图 7-17 所示。

　　现在一个版本对应一个单独的任务，因此不得不改变之前的做法，从测量一个团队执行任务的效率，到汇总个别任务的运行状况。因为团队每天多次发布新版本，所以需要通过一

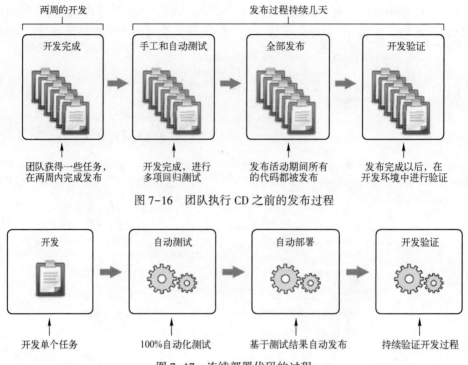

图 7-16 团队执行 CD 之前的发布过程

图 7-17 连续部署代码的过程

个指标来了解交付过程的运转是否正常。

下面使用一个思维导图来了解当前版本的功能特点，以及确定下一步要跟踪的对象。在新的交付过程中，需要了解影响软件版本质量的因素，如图 7-18 所示。

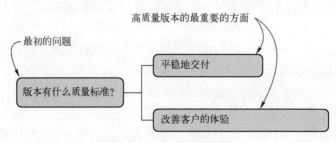

图 7-18 第一个思维导图

团队认为最重要的两件事情是：

- 成功地交付版本。如果使用 CD 开发的版本不能正常运行，那么会延长整个开发周期。一个成功的版本暗示团队工作运转正常。
- 改善客户的体验。不再关注版本修改的内容，而是关注是否通过完善功能，改变了客户的观点。

对图 7-18 做进一步分解，如图 7-19 所示。

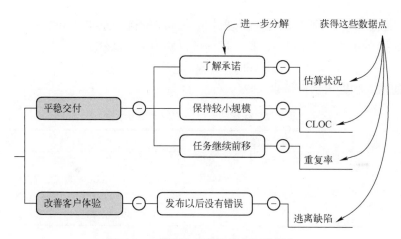

图 7-19 获取这个度量的个别数据点

使用以下指标，可以了解每个版本的运行情况：

■ 他们能够履行所做出的承诺。即使交付时间以天数为单位，团队仍然要相信自己的估算具有一定的可预测性。

● 按照估算状况进行度量。

■ 任务继续向前移动。工作流中的任务出现向后移动的现象，表明出现了一些问题，包括没有很好地理解客户需求、工作能力差或缺少测试等。重要的是，全部任务应该在工作流中向前移动而不是后退。

● 使用重复率进行测量。

■ 尽量缩小工作项目。为了减少集成的风险，团队尽量不修改每个版本中的代码库。

● 使用 CLOC 进行测量。

■ 新版本中不要引入错误。发布新版本的过程非常快，在很大程度上依赖于自动化测试。因此，对于任何误入开发环境的缺陷都需要进行分类，以便团队能够及时调整测试周期。

● 测量逃离缺陷。

可以使用一个公式，将所有数据点合并成一个单一度量，以衡量开发团队发布版本的整体运行状况，即代码运行状况（CHD）。如果通过分析度量数据发现了问题，就应该紧急停止当前工作，查找问题来源。如果度量数据反映良好，那么团队可以继续开发和部署。

在这个度量中，以上 4 个要素在总计算中占有相等的权重。如果 F 表示每个要素归一化的公式，则该公式表示如下：

$$F1(CLOC)+F2(Estimate\ Health)+F3(Recidivism)+F4(Escaped\ Defects)$$

其中每个要素可以使用 0~100 之间的数字，其中 0 表示一切都还会分解，100 表示一切都是完美的。为此，必须运用数学知识进行标准化输入和输出。

规范修改代码的行数

通过观察数据，团队得出了每进行一次小的改变，都需要修改 50 行代码的结论。为了达到要求，决定将 CLOC 除以 50，舍去小数，然后再相乘以放大结果。因为 25 可能是最好

115

的值，将结果减去 25，为了处理可能出现的负数，在所得的结果和 0 之间取最大值，以确保最终结果保持在 0~25 的范围内，整个过程可以使用如下公式：

$$MAX((25-ABS((int)(cloc/50)-1)\times5),0)$$

该公式的输入和输出示例见表 7-2。

表 7-2 标准的 CLOC 输入/输出示例

输　　入	输　　出	结　　果
50	25	完美
135	20	在 0~100CLOC 的理想范围内得分较低
18	25	在低于 50 的情况下，绝对值仍然是 25
450	0	输入 450，结果是-15，最终计算结果为 0

规范估算值

正如之前所看到的，估算值是 0 表示良好，大于或小于 0 都表示糟糕。为了标准化，团队必须将结果与 0 比较取绝对值，使用最大公差来确定高估还是低估。如果绝对值大于 0，则应该计算总的最大值为 25。如果高估或低估超过 3 天，那表示出现了一个大问题。把估算值与 7 相乘，然后与 25 相减，如果高估或低估超过 3 天，则其结果接近于 0。除此之外，其他的值都为 0，如下面的公式所示：

$$MAX((25-(ABS(Estimate\ Health)\times7)),0)$$

输入和输出的示例见表 7-3。

表 7-3 规范估算状况的输入/输出示例

输　　入	输　　出	结　　果
0	25	完美得分，估算是正确的
1	18	即使一天也会对衡量估算产生很大的影响
-1	18	因为取绝对值，所以-1 和 1 有同样的结果
3	4	在这一点上，保证评级低于 80
4	0	任何大于 3 的输入值最终结果都是 0

规范重复率

重复率是一个百分比或小数。团队努力保持工作流中的任务向前移动，以达到一个较低的重复率。请记住，已完成任务的最大重复率可以是 50%，也就是说在工作流中任务向前移动的次数与向后移动的次数相同。为了获得一个计算重复率的公式，其输出结果的取值范围在 0~25 之间，其中 0 表示最差，25 表示最好。通过将重复率乘以 50(25×2) 来对结果进行标准化。使用该公式，完成任务的最高重复率为 0，最低可能为 25。

提醒一下，早先使用下面的公式来计算重复率：

Recidivism＝Backwards Tasks/(Forward Tasks+Backwards Tasks) 或 Recidivism ＝ 25-((bN/(fN+bN))×50)

使用该公式的一些输入和输出示例见表 7-4。

表 7-4　规范重复率的输入/输出示例

输　　入	输　　出	结　　果
bN = 5，fN = 100	22.62	一般
bN = 100，fN = 100	0	最糟糕的输出
bN = 50，fN = 125	25	完美得分

规范逃离的缺陷

逃离的缺陷是指在版本发布过程中没有被捕获的错误，若在发布以后被找到，则认为成功。此时，团队应该停止当前的工作，查找缺陷逃离的原因，以便继续改进自动化测试和新版本。在此情况下，错误的总数中应该包含逃离的缺陷。计算逃离缺陷的公式很简单：25减去它们与 10 的乘数，这与计算估算状况一样，取该结果与 0 的最大值。

$$MAX((25-(Escaped\ Defects\times10)),0)$$

使用这个公式，即使只有一个逃离的缺陷也会对整个评价体系产生很大的影响。一些输入和输出的示例见表 7-5。

表 7-5　使用公式的输入/输出值规范逃离的缺陷示例

输　　入	输　　出	结　　果
0	25	一般
1	15	对总评级产生重大影响
2	5	低于 0 之前的最大容差
3	-5	负数对总评级产生重大影响

一起添加这些元素

从 0~100 中选取 4 个同样重要的数字，然后对它们简单相加。在这个计算的最后，为每一个数字创建最小值和最大值，其中最小值和最大值代表团队执行相关运算的取值范围。如果每个版本有两个或更多的逃离缺陷，则团队需要停止当前工作，找出问题来源。如果一切运行正常，则应该对每个输入变量进行最小测量。

为了计算最小值和最大值，团队决定从 0~5 中取值。如果开始的取值有偏差，则还有很多调整的机会。清单 7.2 显示使用该算法计算最后一个 CLOC 度量。

清单 7.2　**Groovy 程序代码**

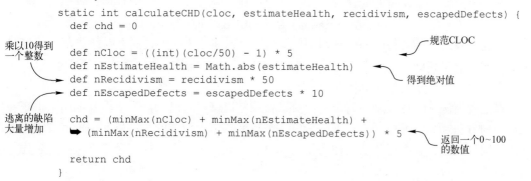

```
static int calculateCHD(cloc, estimateHealth, recidivism, escapedDefects) {
    def chd = 0

    def nCloc = ((int)(cloc/50) - 1) * 5          规范CLOC
    def nEstimateHealth = Math.abs(estimateHealth)
    def nRecidivism = recidivism * 50             得到绝对值
    def nEscapedDefects = escapedDefects * 10

    chd = (minMax(nCloc) + minMax(nEstimateHealth) +
    ➡ (minMax(nRecidivism) + minMax(nEscapedDefects)) * 5   返回一个0~100
                                                              的数值
    return chd
}
```

乘以10得到一个整数

逃离的缺陷大量增加

```
private static int minMax(val){
  def mm = { v ->
    if (v >= 5) {
      return 5
    } else if (v <= 0) {
      return 0
    } else {
      return v
    }
  }
  return 5 - mm(val)
}
```

个别输入的标准输出的最大值是5，最小值是0，理想的输入值是0，使用5减去该结果

使用这个算法，团队能够成功创建一个度量，以测量版本运转情况。如果发现 CHD 低于 80，则必须查找故障原因；如果高于 80，则表示一切工作正常运行。

该算法的一些输入和输出示例见表 7-6。

表 7-6　来自具有相应等级的 CHD 公式的输入/输出示例

估算状况	CLOC	重复率	逃离的缺陷	CHD
1 （18）	65 （25）	10% （20）	0 （25）	88
0 （25）	33 （25）	20% （15）	1 （15）	80
-2 （11）	150 （15）	0 （25）	0 （25）	76
3 （4）	350 （0）	50% （0）	0 （25）	29
-1 （18）	45 （25）	50% （0）	2 （0）	43

当 CHD 数值在 48 h 内下降到 80 以下时，团队要立即停止部署代码，并努力找出问题的根源。

最后一步就是将数据发布到仪表板上，以便团队能够轻松看到该数据。因此决定使用 Dashing，它是一个开源的仪表板框架，能够容易地汇总和显示数据，其结果如图 7-20 所示。

领导者和管理者关注上面两个度量，团队专注下面 4 个度量，以确保他们各尽其职。从图 7-20 看到估算状况低于其他度量，因此该团队可以在冲刺期间修正其估算精度。

当这个团队使用仪表板所发布的信息时，其他团队也想这样做。另一个团队想要采用这个评价，使用交付时间代替估算状况，跟踪工作的运行状况。有一个理想的 7 个工作日的交付时间，由此制订了交付时间评价，如以下公式所示：

$$\text{Lead Time Rating} = 25 - ((\text{Lead Time} - 7) \times 2.5)$$

因为 7 是理想的交付时间，使用当前交付时间减去 7，得到它们之间的差距。当经过几天后，通常会出现问题，因此将这个差距与 2.5 相乘，以延长交付时间，最后求出其与 25 的差距。仪表板显示的信息如图 7-21 所示。

在这种情况下，可以采用自定义度量进行调整以满足自己的需求，但其他团队也正在使用相同的方法和高标准度量。此度量是由多个数据点组合而成的，具有实用价值。因此应该使用相同的技术，并根据团队工作的特点和价值标准，创建自己的度量，以保持与工作进度的一致性。

118

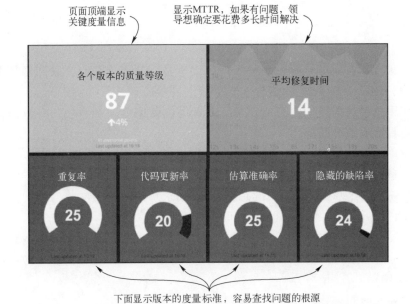

图 7-20　使用 Dashing 为较大的团队创建一个易于阅读的仪表板

图 7-21　第二个团队使用相同的评级体系，调整组合以适合度量过程

7.5 小结

通过使用前几章收集的数据，制订了自定义度量，并使用它们获取许多复杂交互的信息。在本章中，读者学习了以下内容：

- 能够使用单个数据点创建简单度量，或者可以使用公式和算法，将数据合并成更复杂、更具影响力的度量。
- 在本章用到的一些度量：
  - 重复率——后移任务数/（前移任务数+后移任务数）。
  - 提交评论的比率——审查代码总数/（拉请求总数+提交数）。
  - MTTR——修复问题的时间–识别问题的时间。
  - 连续发布版本的质量等级（CHD）——（25−ABS（（int）（cloc/50）−1）×5）+（25−ABS（Estimate Health）×7）+（Recidivism=25−（（bN/（fN+bN））×50））+（25−（Escaped Defects×10））。
- 首先需要花时间去分析数据，了解团队的运行方式。
  - 使用已有的数据，定义在开发周期中表现良好、可以重复利用的开发模式。
- 一旦充分理解了所收集的数据，就可以合并数据点，以创建度量来跟踪在开发周期中最重要的对象。
- 思维导图是获取测量对象的好方法。
- 使用思维导图来创建公式以生成自定义度量。
- 将实时数据添加到公式中，可以提供在开发周期中跟踪的度量。
- 当开发过程被改变时，可以寻找新的方法来测量团队，这是成功的关键。
- 同一公司内的不同团队，只要他们测量的是概念性相同的对象，就可以使用相似的评价体系。

第8章
测量软件的质量

在之前的章节中，可以从开发周期中收集数据，以了解团队的绩效。在本章中，将从测量过程转换到测量产品，使用这些数据来确定软件产品的质量。

在本章中会提出一个问题："软件质量好吗？"。在回答这个问题之前，可以询问自己："软件质量的标准是什么？"，一旦了解了这个标准，就会正确度量自己的软件。

现在从两方面来评价软件的质量：

■ 是否软件做了该做的事情 ——这些是功能性需求。

■ 软件是否运行良好——这些是非功能性需求。

功能性需求可以用来区分两个软件产品，它涉及实现的功能，以及客户使用产品的方式。第 6 章讨论了如何跟踪软件特定的度量。可以跟踪功能性需求，以了解产品是否满足了客户需求。

非功能性需求涉及软件产品的性能。很容易升级和部署一个性能良好的新版本，如果使用了良好的架构、设计和技术，也很容易对其进行修改和持续交付。

可以使用前几章的工具测量软件的功能性和非功能性需求，使用本章中的工具和数据来测量软件的质量。

如果从敏捷宣言中挖掘敏捷原则，将会特别关注需求变化时的频繁交付：

■ 最重要的是要尽快地、不断地交付有价值的软件以满足客户的需求。

■ 即使在开发后期修改需求也没有问题，敏捷过程能够驾驭变化，保持团队的竞争优势。

■ 频繁交付新版本，从几周到几个月，周期越短越好。

所有的这一切都会要求快速地、频繁地进行改变。另外还有几点需要深入研究：

■ 持续地关注卓越的技术和良好的设计，以提高敏捷性。

- 最好的架构，需求和设计来源于团队的内部。
- 软件正常运行是衡量软件的首要标准。

任何拥有 IDE 的人都可以开发软件，重要的是选取何种开发方式，可以采用快速迭代、循序渐进的方式以满足客户的需求。衡量这种开发方式的软件，看上去有点模糊，因此将深入研究非功能性需求或代码的"ilities"。

使用敏捷原则来衡量团队

如果读者想了解如何使用敏捷原则，请转到第 10 章。

8.1 准备分析：设置以测量代码

前面章节讨论了使用一些工具来获取信息。在第 5 章中讨论了在 CI 系统中使用静态分析，在第 6 章中讨论了使用 APM 工具，获取应用程序运行状态的数据，确定是否实现其功能。

表 8-1 中记录了前面多个章节中表 8-1 工具使用过的工具，读者可以参考一下。

工　具	措　施	度　量
New Relic	应用程序监控	页面响应时间，运行时间，响应时间，错误率
HyperSpin	可用性	运行时间，响应时间
Splunk	可靠性	错误率，故障平均间隔时间
OWASP ZAP	安全性	动态分析问题
SonarQube	可维护性	CLOC，代码覆盖，问题，复杂性
Checkmark	安全性	静态分析问题

8.2 使用代码"ilities"测量软件非功能性需求

可以使用代码"ilities"或非功能性需求（NFR）来描述软件性能，许多开发人员对此都比较熟悉。接下来从几个方面来描述软件的非功能性需求：

- 可维护性/可扩展性——修复问题或增加新功能的难易程度。
- 可靠性/可用性——软件是否始终如一地满足客户的需求？
- 安全性——客户使用软件时，是否保证其信息安全？
- 可用性——软件是否简单实用？

图 8-1 显示了在软件生命周期中的代码"ilities"。

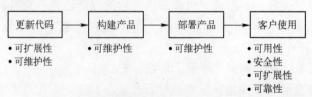

图 8-1　在软件生命周期中说明代码"ilities"

如果从测量产品和开发过程的角度来看，就会看到图 8-2。

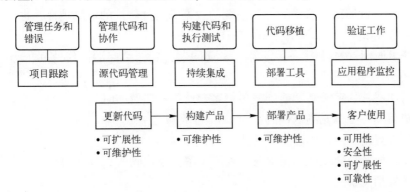

图 8-2　显示在软件生命周期中与代码"ilities"相关的各个阶段以及所使用的工具

可维护性表示监测开发过程中出现的错误，并在开发周期各阶段进行修改。

可用性表示客户较容易地实现其功能，包括客户可以通过扩展功能来满足需求，有一个安全可靠的体验。

如果组合可扩展性与可维护性，并对可用性中的安全性、可扩展性和可靠性进行分组，则可以将图 8-2 转变成图 8-3。

关注以下两个影响代码"ilities"的因素，也就是评价软件质量的标准：

■ 可维护性表示修改错误的难易程度。

■ 可用性表示客户的满意度。

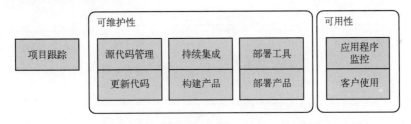

图 8-3　在软件开发周期中使用两个代码"ilities"对系统分组

可维护性和可扩展性

在敏捷式交付过程中，较容易地修改和部署代码，这一点非常重要。可维护性和可扩展性可以从能力上进行区别。可维护性表示保持软件持续运行的能力。可扩展性表示添加新功能或扩展应用程序的能力。在敏捷开发中，经常使用连续性的方法，从而使可维护性和可扩展性没有清晰的界限。如果想在敏捷项目中合并它们，则一定是在执行 CD 的环境中。

8.3　测量可维护性

在一个敏捷式开发和 CD 环境中，可维护性意味着不仅仅是升级代码，也意味着向客户交付修改的新版本。正如图 8-3 所示，包含构建和部署系统。当要了解软件的可维护性时，需要查看代码库中的所有属性，它们有助于代码升级以及快速部署。

可以在整个开发周期中，使用不同系统的数据来衡量软件的可维护性，也可以使用以下度量来衡量：

- 平均修复时间（MTTR）——计算从发现问题，到分类问题，修改和部署代码所花费的时间。
- 交付时间——从定义新功能到交付给客户使用所花费的时间。
- 代码覆盖率——单元测试代码数与 LOC 行数的比率。
- 编码标准规则——代码遵守所使用的语言标准。
- 当需要增加新功能或修复错误时，需要了解修改代码的行数（CLOC），这与开发周期中的任务相关联。
- 错误率——在使用新功能的过程中出现的错误数。

如果可维护性是通过频繁修改来满足客户的需求，那么它的两个最重要的度量是 MTTR 和交付时间，因为它们都包含满足客户需求所花费的时间。

8.3.1　MTTR 和交付时间

当分析 MTTR 和交付时间时，就会发现与其有关的其他度量，如图 8-4 所示。

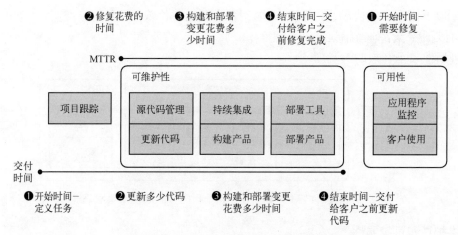

图 8-4　交付过程中的 MTTR 和交付时间

可以使用以下两个关键度量，衡量满足客户需求的速度：

- MTTR——完善代码并交给客户使用所花费的时间。
- 交付时间——完成新功能并交给客户使用所花费的时间。

图 8-4 显示了这两个度量的分解步骤，图 8-5 显示了这两个度量的思维导图。

读者能够从图 8-5 看出两者的区别，MTTR 侧重于衡量对现有系统的分类，交付时间侧重于衡量添加的新功能。能够从项目跟踪系统（PTS）获取交付时间，因为可以从 PTS 获取任务开始和完成的时间。通过使用以下公式计算交付时间：

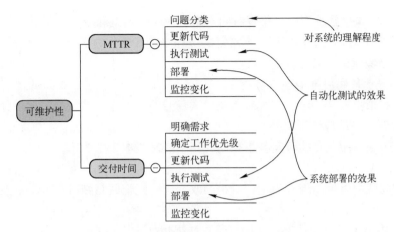

图 8-5 分解思维导图,便于衡量可维护性

$$交付时间 = PTS:任务完成时间 - PTS:任务开始时间$$

MTTR 的开始时间是客户发现问题的时间。在 APM 系统中检测问题,在 SCM 系统中解决问题,通过构建系统修改代码,并进行部署。可以使用以下公式来计算 MTTR:

$$MTTR = APM:问题结束时间 - APM:问题开始时间$$

使用这个公式可以计算一个大概时间,但是掩盖了很多细节。如果 MTTR 达到 16 h,那么下一个问题将不可避免地会出现:“如何更快地修复代码?”。可以将交付阶段放到交付周期中。如果返回到图 8-5 思维导图所定义的步骤,可视化需要关注的步骤,不断改善交付时间。

注意,MTTR 和交付时间的测量方法相似,接下来会看到一个 MTTR 示例,在本章最后的案例研究中,会看到一个分解交付时间的示例。

4 个版本的平均修复时间是 35 h,如果进行分解,会看到每个版本所花费的时间,如图 8-6 所示。

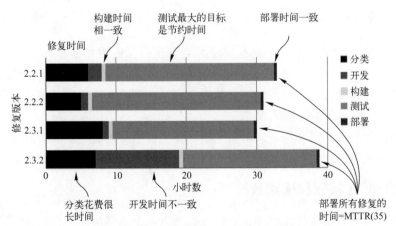

图 8-6 分解 4 个版本的 MTTR,其中测试花费了最多的时间

在此示例中，4 个软件版本的修复时间都超过 30 h，测试和分类问题花费了绝大部分时间，它们与开发时间差距最大。在版本修复的过程中最好解决的部分，通常需要花费较多的时间，从而获得测量的一致性。

图 8-6 中显示代码可维护性较差：

- 软件看起来很复杂，对其分类需要花费很长时间。以作者的经验，如果分类时间超过 1 h，说明该系统应该很复杂。
- 修复 4 个版本所花费的时间各不相同，其中修复版本 2.3.2 花费的时间最长，应该查找原因。
- 在测试周期中以手动测试为主，对小的改变进行完全回归测试，这是不熟悉软件开发的表现。

在图 8-6 中很难弄清楚从哪里开始测量，如果想加快修复的速度，就应该：

- 尝试改善测试周期。
- 弄清楚为什么要花费这么长时间来查找系统中断时出现的问题。

图 8-7 显示了一个非常不同的场景，通过分解 MTTR 预测下一步的工作重点。

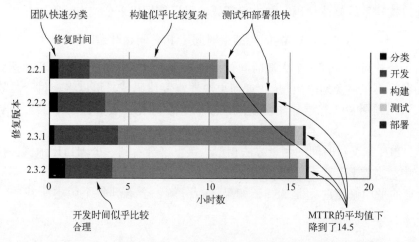

图 8-7　对 4 个版本的 MTTR 进行分解的示例：全部进行自动测试，MTTR 总数下降，优化构建过程

图 8-7 显示团队能够快速找出问题根源并更新代码，比图 8-6 所示代码的可维护性更高，但是需要花费更多的时间进行构建，因此减少构建时间是团队下一步要做的主要工作。在这种情况下，可以交叉引用较短的测试周期和度量，但是要确保团队实现预期的测试覆盖率，不能一味地追求速度而不进行测试。

对于团队添加功能和修复问题，需要了解一些更详细的信息，如此时间范围内需要修改多少行代码，在构建过程中哪些地方需要花费时间，因此需要添加更多的数据。

8.3.2　添加 SCM 数据和构建数据

构建的内容和频率是衡量代码库是否可维护的下一个关键指标。在修复问题或添加新功能的过程中需要修改代码，可以将修改代码的行数作为衡量代码可维护性的主要指标之一。

较低的 CLOC、频繁发布新版本，以及较少的修改次数，都表明代码具有可维护性，只需要进行小的修改，就能够快速交付客户使用。

接下来看一个示例，一个 CD 团队每天发布 3 次新版本。图 8-8 中显示跟踪每一个版本的 CLOC，包含一个月内修改代码的数据。根据图中显示的数据，能否说明代码库具有可维护性？

图 8-8 显示 CD 团队在一个月内发布了 60 个版本，包含以下统计数据：

- 提交了 10 次，并部署不同的修复程序。
- 在这 10 次提交中，平均每次添加 6 行代码，删除 4 行代码。
- 因此，可以计算出修改错误花费的工作量大约占总工作量的 16%（60 中的 10）。

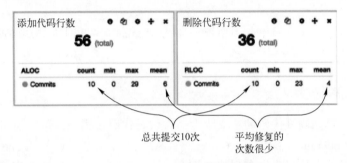

图 8-8 一个月内修改代码的数量

假设执行 CD，每天 8 h 发布 3 个版本，每个版本大约花费 3 h，可以得出以下结论：如果修改 10 个版本，那么每个月修改代码大约需要花费 30 h（一个月总共 730 h）。解决发布新版本出现的问题所花费的时间占每个月总耗时的 4%。

非常好

举一个反例，有一个团队每两周发布一次新版本，包含一天的回归测试，在开发结束时花费 4 h 发布软件。要发布 10 个版本，需要进行 10 天的回归测试和额外的 5 天来发布软件，不包括查找问题和修改代码所花费的时间。这意味着超过一半的时间用于修复错误。

实际上，有一些潜在的问题值得思考：

- 团队不修复错误，因为如果全部时间都用于测试和发布代码，就无法实现添加更多的功能。
- 团队修复版本做得越多，就会看到较高的 CLOC，最终会延长测试周期和代码发布的时间，这都是代码可维护性差的指标。

为了确定 CLOC 和版本修复次数的关系，还需要计算总修复数，以便可以获得修复版本（FRP）的百分比。该公式是

$$修复版本的百分比（FRP）= 总修复数/版本数$$

希望修复版本的百分比尽可能低，若等于 0 则表示完美，大于 5% 则通常表示很差。

通过组合 MTTR 和 FRP，能够使用以下公式计算可维护版本的比率：

$$可维护版本比率 = MTTR（用分钟表示）×（总修复数/版本数）$$

在此情况下，可维护版本的比率越接近 0 表示越好。接下来有一个示例，如果 60 个版

本进行了 10 次修复，那么 FRP 就等于 16%，与此同时，如果 MTTR 为 4 h，那么可维护版本的比率就是 40。对比一个较差的情况，如果每个版本都有一次修复，MTTR 为 12 h，那么可维护版本的比率就是 720。此种情况有一定的参考价值，可以使用它来改善版本的可维护性。表 8-2 显示了可维护版本比率（MRR）输入和输出的示例。

表 8-2　一个可维护版本的输入/输出示例

输　　入	MRR	注　　意
MTTR = 240 min 修复总数 = 10 版本总数 = 5	480	尽管团队需要花费 4 h 发布新版本，平均每个版本进行两次修复，但很糟糕
MTTR = 480 min 修复总数 = 1 版本总数 = 100	4. 8	尽管团队 MTTR 的时间较长，但修复的次数很少（每 100 版本进行 1 次），很不错

8.3.3　代码覆盖率

代码覆盖率是自动测试代码的覆盖程度。在编写代码过程中，可以使用一些工具来测量代码覆盖率，如 Cobertura、JaCoCo、Clover、NCover 和 Gcov。可以使用 SonarQube 中的综合仪表板，将代码覆盖率的报告发布到仪表板上。图 8-9 显示了一个覆盖报告的示例。

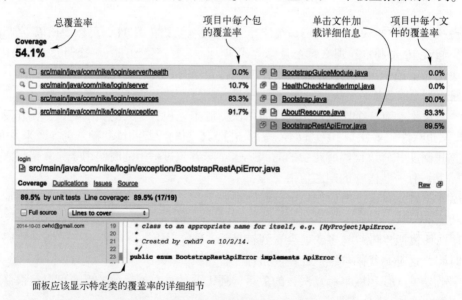

图 8-9　使用 SonarQube 分解代码覆盖率的示例

从理论上讲，提高代码覆盖率有助于提高软件的可维护性，因为开发人员通过执行单元测试，能够发现所做的修改是否对系统的其他部分产生影响。代码覆盖率实际上只表示有多少代码被测试，而不表示测试效果。如果为一个方法编写一个测试用例，但是不声明测试结果是否是期望值，那么就认为该方法被覆盖，尽管没有发现任何错误。可以在计算代码覆盖率时可以考虑以下两个方面：

- 变异测试——在底层代码发生更改或变异后，比较测试的前后结果。
- 添加数据点显示代码覆盖率——使用 PTS、SCM 和 CI 数据。

变异测试是一种自动测试，是在执行单元测试之前弄乱代码。如果在测试之前插入错误的代码，但最终通过测试，从而表明它不是真的测试代码。Pitest（pitest. org/）是一个很好的自动测试工具，它的一个测试截图如图 8-10 所示。

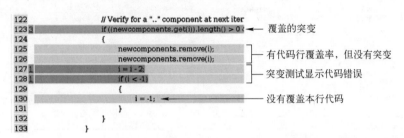

图 8-10　使用 Pitest 进行突变测试的示例

可以通过跟踪其他度量来审查代码覆盖率。当自动化测试代码的功能比较强大时，通常可以将代码覆盖率转换成一个修复版本百分比和可维护的版本比率。如果代码覆盖率很高，但是测试效果较差，则只能说明测试对象不正确或测试失败。

通常可以将代码覆盖率与静态代码分析集成在一起，既对代码进行不同的测试，又起到互补的作用，同时会产生两个报告。

8. 3. 4　添加静态代码分析

静态代码分析可以测试代码，了解代码是否满足开发语言的常规规则集的最佳做法。可以使用一些工具来进行静态代码分析，其中 SonarQube 就是一个不错的选择。

在第 5 章中曾经提到 Manning 出版的《SonarQube in Action》，这本书非常不错，对 SonarQube 做了很多详细介绍，另外也可以参考之前提出的一些影响可维护性的重要因素。

这些因素主要包含：

- 代码行——构建和部署一个大的代码库通常很困难。当不同的开发人员或团队在开发不同功能时，需要团队设置一下代码库，以防产生冲突。另外，尽量缩小模块的规模，有利于问题定位，从而提高系统的可维护性。
- 重复——如果不根据实际情况及时修改重复的代码，就会产生错误，这是重复代码的经典问题。重复也直接与模块化和可重用性的编码（在代码可维护性下有更多的"ilities"）相冲突。理想情况下，不应该使用重复的代码。
- 问题——根据开发语言的编码标准来测试代码。好的开发人员编写的代码符合标准，比较容易修改，而且也便于新的开发人员或其他团队阅读和修改代码。静态分析工具可以对问题分类，确保不会出现大问题。
- 复杂性——也称为循环复杂度或嵌套代码的数量。如果一个 if 语句嵌套在一个循环和两个其他的 if 语句中，那么循环复杂度会很高。这样的代码很难阅读、调试及测试。

理想情况下，应该尽量保持较低的复杂度。

图 8-11 显示了使用 SonarQube 的屏幕截图，以及一些关键统计信息。

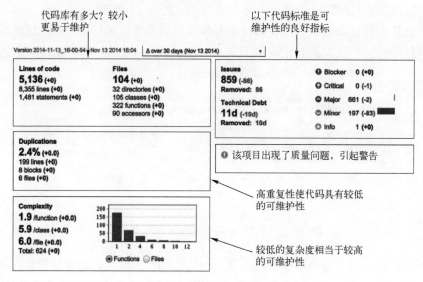

图 8-11　静态分析关键度量以衡量可维护性

可以很容易阅读所有的度量信息，并且看到它们的变化情况。图 8-11 中出现了一个有趣的异常现象，在过去的 30 天内没有修改代码，但问题的数量和估算的技术债务却下降了。这可能是因为团队进行了分析，修改了测量问题的规则。修改编码规则，对于任何开发团队来说都是一项艰巨的任务，因为它强制要求团队查看规则，进行讨论，并确定今后的编码风格。

接下来研究一个估算技术债务的度量。可以使用 SonarQube 的内置算法，计算团队需要花费多长时间来解决静态分析识别出的所有问题。这是 SonarQube 的一个非常酷的功能，但是也有一定的局限性，无法解决构建系统的潜在问题，或与代码模块集成有关的架构问题。

平衡技术债务与交付

在第 3 章中，在案例研究中讨论了利用 PTS 数据来确定技术债务。当软件的可维护性开始降低时，使用这些数据就能够看到，因为它很容易绑定到底线。如果正在查找技术债务减缓交付速度的原因，通常情况下，可以从项目负责人那里获得帮助，以清理技术债务，从而确保可以保持最好的交付速度，而不是不断减速。也可以将跟踪软件可维护性的数据添加到技术负债中，并将其分解为足够小的块，供开发团队使用，以及将 PTS 数据作为一个衡量指标，向项目负责人显示其如何影响他们的项目。在第 9 章中读者会看到很多这方面的内容。

静态分析很棒，每一个开发团队都应该使用它，但是它也有一定的局限性，单独使用它会出现以下一些问题：

■ 虽然容易更新并且有很好的测试代码，但是不容易部署。

- 使用静态测试不可能发现较大系统的集成问题。
- 它不能测试应用程序的运行情况。

与其他可维护性度量一样，静态代码分析是一个不错的度量，可以很好地分析代码库，但不能单独用来衡量可维护性。

单独使用静态分析获得的代码质量与其实际性能和团队的开发效率没有直接的联系。

8.3.5　添加更多的 PTS 数据

添加 PTS 数据，有助于了解所有的度量如何影响团队交付新版本。在前几章中介绍了如何收集这些度量数据及其他们的重要性，现在将重点介绍它们如何影响代码的可维护性：

- 错误率——如果在交付代码的过程中看到了许多错误，则表明代码不可维护。所看到的错误率会受到较低的代码覆盖率、静态分析出现的大量问题，以及较高的 MTTR 和交付时间的影响。
- 重复率——重复率直接影响 MTTR 和交付时间，因为工作流中有返回的任务，同样的工作需要重复做多次。如果开发工作没有通过 QA 许可，就需要重新做，这样会影响交付时间。较高的重复率和较高的错误率一样，受到与可维护性有关的其他度量的影响。
- 速度——本章所讨论的所有度量都有可能影响速度。以稳定的节奏交付代码。在此情况下，可能会有一个团队没有完成预期的工作。如果使用可维护性的度量，会看到一致的速度，那么就应该考虑如何使代码更易于维护、实现更多的功能。

如果软件易于维护，就应该始终如一地为客户提供高质量的服务。交付软件之前，要确保其能够真正满足客户的需求。

8.4　测量可用性

有几个不同的"ilities"能够证明应用程序的实用程度，或给予客户的体验有多好。接下来重点关注的内容如图 8-12 所示。

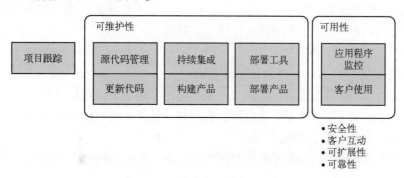

图 8-12　衡量交付的新版本

绝大多数度量被用来衡量应用程序的运行状况。可以通过性能度量来获取有关应用程序运行状况的真实数据，若将其与业务成功度量以及客户满意度相结合，则可以提高产品的质量。

为了显示如何将可维护性分解成可测量性和可操作性，开始使用 MTTR 和交付时间，以及影响这个度量的因素。可用性体现在应用程序监控以及所定义的业务成功度量标准，如图 8-13 所示。

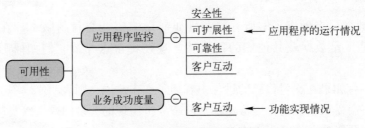

图 8-13　分解可用性思维导图

在第 6 章中讨论过在日志中使用度量，或使用特定的代码来衡量客户使用应用程序的价值。可以使用这些度量和特定数据点，了解软件的功能性需求和非功能性需求。本章专门讨论了如何跟踪一些高标准的度量，接下来将讨论那些影响客户满意度和业务成功度量标准的因素，以及它们的来源。

8.4.1　可靠性和可用性

当讨论代码"ilities"的时候，可靠性和可用性经常会被一起提到。原以为它们的含义相同，但当衡量它们的时候，才真正了解它们的不同。

可用性是测量客户使用应用程序的运行时间。如果有一个可以被全球用户使用的 Web 应用程序，那么其可用性需要接近 100%，因为来自不同时区的人们会不停地注册和使用它。此外，还可以与合作伙伴签订服务级别协议（SLA）的合同，以支持 99.999% 的可用时间，或每月大约 4 h。如果应用程序每周有 7 天的开放时间，每天从上午 7 点开始，下午 9 点结束，剩余的时间处于关闭状态，那么，可以使用以下度量来衡量应用程序的可用性：

- 正常运行时间——应用程序运行时间的百分比。
- 页面响应时间——如果应用程序运行得非常慢，不能在客户期望的时间内加载网页，就可以认为它不可用。

可靠性表示应用程序持续运行的能力。如果应用程序出现间歇性问题，则说明可靠性较差。例如，如果有一个电子商务应用程序，当网站负载过重时，无法向购物车添加商品，那么认为它不是很可靠。可以使用以下度量来测量可靠性：

- 故障平均间隔时间——应用程序在使用过程中暂停使用的时间。
- 响应时间——如果响应时间不一致，就说明应用程序不可靠。
- 错误率——通过监控日志，能够看到各个时间点出现的错误。

有一个不间断运行的应用程序（高可用性），但在一半的时间内功能运行会出现异常（低可靠性）。应用程序一直保持正常运行（高可靠性），但是每天需要 1 h 进行维护（低可用性）。

尽管可用性和可靠性有所不同，但它们的测量方式有相似之处。可以使用 Hyperspin（www. hyperspin. com/en/）和 New Relic（www. newrelic. com/）来测量正常运行的时间。图 8-14 中 Hyperspin 的示例报告，显示了测量可用性所需的数据。

Period	Uptime	(incl. maintenance)	Downtime	Outage	Outage History	Detailed Log
2015 Yearly Total	99.751%	99.751%	01hr 25min	17	Outage History	Detailed Log
2015 Jan	99.751%	99.751%	01hr 25min	17	Outage History	Detailed Log
2014 Yearly Total	99.787%	99.787%	18hr 40min	61	Outage History	Detailed Log
2014 Dec	97.782%	97.782%	16hr 30min	42	Outage History	Detailed Log
2014 Nov	99.907%	99.907%	40min	6	Outage History	-
2014 Oct	99.877%	99.877%	55min	10	Outage History	-
2014 Sep	99.954%	99.954%	20min	2	Outage History	-
2014 Aug	99.966%	99.966%	15min	1	Outage History	-
2014 Jul	100.000%	100.000%	00min	0	Outage History	-

图 8-14　使用 Hyperspin 的示例报告

有正常运行时间、停机时间和中断次数，可以单击进入报告，以获取有关中断历史记录的详细信息。

New Relic 也具有类似的功能，能够创建可用性报告。New Relic 的示例如图 8-15 所示。

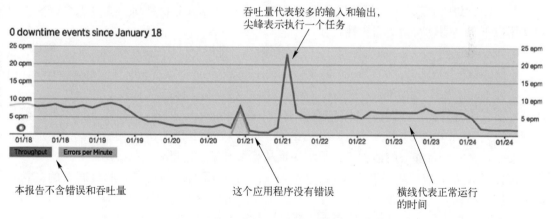

图 8-15　使用 New Relic 开发软件的可用性报告

可用性可以被直接测量，可以使用很多工具监控它。图 8-15 也显示了 New Relic 报告应用程序的错误率。

另外一种获得错误率和故障平均间隔时间的方法，就是进行日志分析。图 8-16 显示了使用 Splunk（www. splunk. com/）进行简单查询，以日志的形式输出错误率。

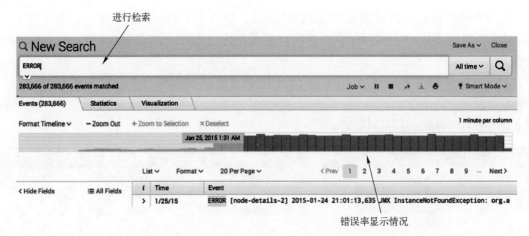

图 8-16　使用 Splunk 显示错误率

Splunk 和 New Relic 具有丰富的 API，能够提供可靠性和可用性的可视化数据，以及其他数据。无论使用哪种工具，都可以通过使用可用性和可靠性来衡量应用程序的运行状况，进而了解软件的价值。

8.4.2　安全性

客户期望个人信息安全，不会被别人窃取。安全性非常重要，若网站不安全，则没有人愿意使用。如果开发团队在为客户构建软件，则要保护客户自身的安全及数据的安全，这是务必注意的最重要的事情之一。

"首先自己攻击"是一个好的口头禅，对所开发的网站先自己测试，查找安全漏洞。可以使用以下工具测试网站的安全性：

- 静态代码分析——SonarQube 含有一些测试规则，能够测试应用程序的安全性，另外，其他的静态分析工具，如 Checkmarx（www.checkmarkx.com/）、Coverity（www.coverity.com/）和 Fortify 都具有此功能。
- 动态代码分析——Veracode 和 WhiteHat（www.whitehatsec.com/）都能进行动态代码分析，OWASP Zed Attack Proxy 4（ZAP）是一个很好的开源工具。

安全性是一个足够大的话题，如果不知道从哪里开始，这里有一些提示。

记住开放 Web 应用程序安全项目（OWASP）的前 10 名。请注意，此页面上的信息有时会过期，但列表仍然有效，包含一个移动应用程序的列表，以及一个 Web 应用程序的列表。这些列表提供了在设计软件产品时，需要记住的 10 个最重要的安全准则。

OWASP ZAP 使用独特的方式，扫描用户的应用程序。它主要采用蜘蛛的形式抓取用户的网站，使用常见的黑客技术进行攻击，并报告安全漏洞。图 8-17 显示了一个 ZAP 示例。

如果网站没有通过安全性分析，那么应该停止一切工作，修复出现的问题。也就是说，一个安全性差的网站的可用性很低。

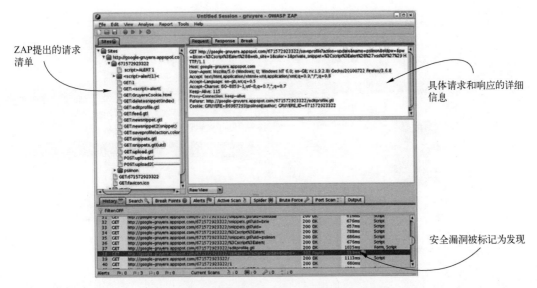

ZAP提出的请求
清单

具体请求和响应的详细
信息

安全漏洞被标记为发现

图 8-17　使用 OWASP ZAP 的屏幕截图示例

8.5　案例研究：寻找交付时间内出现的异常

在这个案例研究中有一个使用 Kanban 管理任务的团队。他们的工作流运行正常，并密切关注交付时间，确保开发周期中的每项任务都能按时完成。他们开始标记任务，以便看到整个项目的交付时间和每个标记任务组的交付时间。一旦开始跟踪标记的任务组，就会发现标记"cam"任务的交付时间比其他任务都长，并且偏离平均值。图 8-18 显示了通过标签分解交付时间所看到的信息。

一旦深入挖掘数据，就会发现标记"cam"的任务都有很高的 CLOC。可以通过分解交付时间来查看额外的时间来自何处。从图 8-19 中可以看到构建和部署的过程很好，但是这些任务的开发时间远超出平常。

他们决定重构这部分代码，使用抽象的输入和输出接口，编写处理请求的新代码，如图 8-20所示。

这允许他们在较小的模块中，编写具有良好测试覆盖率的新代码，并最终使用新代码代替问题代码。

重构模式

有许多模式可以用来重构代码，具体选择哪一个，要根据更改的内容而定。如图 8-20所示的"环绕与饥饿"模式，适合于将大型单片的代码库转移到更小、更模块化和更易于维护的代码库中，如本案例研究中所提到的。有一些专门研究重构的书籍，其中 Martin Fowler 所写的《改善现有代码的设计》（Addison – Wesley Professional，1999）和 Joshua Kerievsky 所写的《模式重构》（Addison-Wesley Professional，2004），这两本书不错。

在分解完开发计划后，团队意识到可以重构，而不用再增加额外的时间来进行更新。通过关注与问题代码分离的新代码，可以确保具有较高的代码覆盖率和较低的错误率。使用

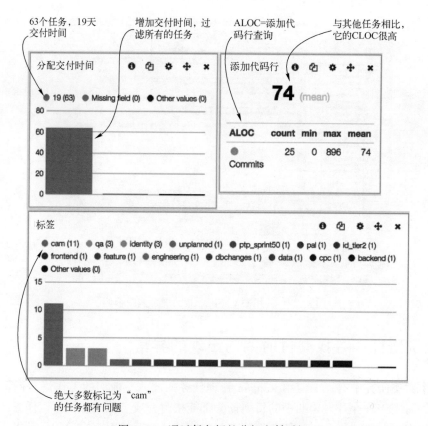

图 8-18　通过任务标签分解交付时间

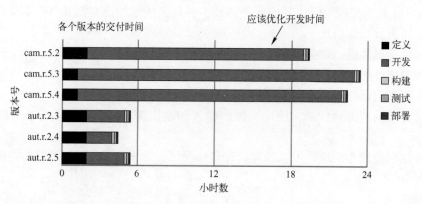

图 8-19　分解标记任务的交付时间，找出下降的时间段

SonarQube 创建一个新项目，可以监控其他项目，确保具有较高的代码覆盖率。

每当获得一个标记为"cam"的新任务，他们就开始使用新方法进行开发。刚开始执行新任务时，开发时间延长了几天，但是经过了 5 个版本之后，开发时间下降得十分明显，如图 8-21 所示。

毫无疑问，这有助于团队改进交付时间和软件产品的质量，使其更易于维护。

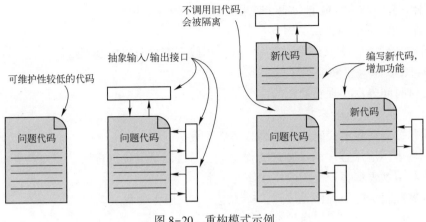

图 8-20　重构模式示例

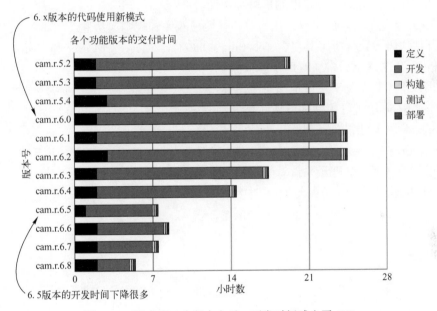

图 8-21　发布完 5 个版本之后，开发时间减少了 60%

8.6　小结

好的软件可以从多个角度进行测量。可以使用代码"ilities"和几个免费工具，从多个角度测量，以了解代码的质量。在本章中读者学到了：

- 要敏捷式测量软件，可以使用以下敏捷式原则：
  - 持续地、频繁地交付。
  - 技术卓越。
  - 好的架构。
  - 软件正常运行。

- 使用代码"ilities"或非功能性需求测量软件的构建状况。
- 可维护性和可用性是顶层测量。
- 从可维护性能够获取迭代的速度，或使用以下度量可以对其测量：
  - MTTR 表示修复问题的速度。
  - 交付时间表示实现新功能的速度。
  - CLOC 确保代码较容易修改。
  - 代码覆盖率表示代码被自动测试完全覆盖。
- 可用性表示应用程序满足客户的程度，可通过以下度量进行测量：
  - 可利用性表示客户使用应用程序的频率。
  - 可靠性表示应用程序无故障，持续地为客户服务的程度。
  - 安全性表示应用程序保护客户的安全。
- 使用以下工具有助于更好地测量可维护性：
  - Sonar 是一个很好的工具，用来分析代码覆盖率和规则遵从性。
  - 其他代码覆盖分析工具包含 Cobertura、JaCoCo、Clover、NCover 和 Gcov。
  - Pitest 用来测试异常，有助于验证测试。
- 使用以下工具有助于更好地测量可用性：
  - New Relic 用于可用性和可靠性测量。
  - Splunk 用于可靠性测量。
  - Coverity、Checkmarx、Fortify 或 OWASP Zed Attack Proxy（ZAP）用于安全扫描。
- 可以使用以下关键度量来计算版本的可维护性：
  - MTTR(分钟数)×(总修复数/版本数)。

第 9 章
发布度量

本章导读：
- 如何在整个组织中成功发布度量。
- 发布度量和仪表板的不同方法。
- 对组织起重要影响的度量。

正如读者在本书中学到了如何创建和使用各种不同的度量，并发布这些度量信息。可以创建一个大的仪表板，通过显示很多漂亮的图表，将之前分析的度量信息发布出去，就会方便团队成员查阅。由此可见，为合适的受众整合数据是高效传递度量信息的重要途径。

设计度量的基本规则是具有可操作性，适用于所发布的度量。将数据发布给能够以积极方式影响度量结果的用户，给予他们无法改变的度量，导致的结果是，要么产生不必要的压力，要么他们忽视了所展示的数据。

9.1 为用户提供合适的数据

组织中的不同人员需要不同类型的数据，回答与其角色相关的问题，如图 9-1 所示。数据应该以这种方式分布在整个组织中，每个人都可以一目了然地获得他们关心的数据。以下是团队在开始发布度量时所遇到的一些问题：

- 将所有数据发给所有相关人员。在收集一些度量信息的时候，很容易忘记不是每个人都关心每件事情。开发人员可能兴奋地把代码修复的 CLOC 降到 10，但这对于客户可能没有意义。
- 脱离了上下文的电子邮件报告没有意义。有些人在一个项目上花费一整天的时间，而其他人在几个项目上却花费较少的时间。如果相关人员收到一封电子邮件，包括回顾两天以来所取得的进展，他们可能不会理解谈论的内容或它如何影响底线。如果真想将某些数据发送给公司，请确保将其绑定到度量或相关人员的信息中。

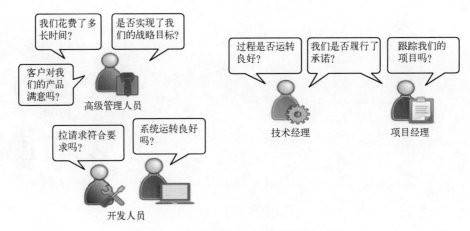

图 9-1 组织中的不同成员及提出的问题

- 创建基于 Web 的仪表板，为目标客户提供过多的数据。沿着相同的路线将所有数据发送给每个相关人员，创建一个没有数据的仪表板，通过它使得观察者能够察觉并且立即采取行动，这样的仪表板会使人迷糊和受挫。如何设计仪表板将在本章后面详细讨论。
- 更新发布了不为人知的数据。可以每个冲刺更新一次数据，一天一次，或一个月一次。发布数据的时间间隔要让用户知道，这点很重要，并且能够显示在仪表板上。如果每个冲刺都发布数据，可以在仪表板上标注冲刺号；如果每分钟都在发布数据，则可以使用一个直方图来显示数据随时间变化的情况。

所有的目标都指向一个问题：提供错误的信息或太多错误。

为了确保向与过程有关联的人提供数据，请先查看组织中的哪些组或个人有直接影响。一个示例如图 9-2 所示。

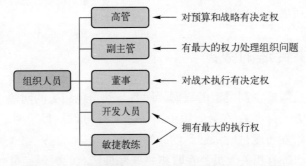

图 9-2 一个思维导图显示组织内不同的成员及职责

通过向人们提供能够作为行动依据的数据，帮助每个人关注他们责任范围内的事情。

如果参考图 9-2，将这些问题与本书中收集的数据相对应，会看到另一种可视化数据类型，即在网格上显示信息，如图 9-3 所示。

尽管团队中的每个人都关心所有这些事情，看上去与组织中的每个成员承担的职责相一致。

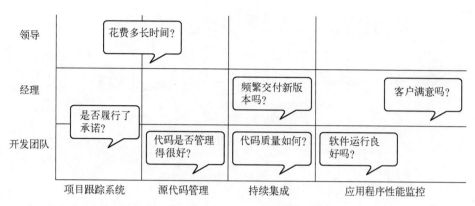

图 9-3 回答组织内不同成员提出的问题

9.1.1 团队的工作方式

修改软件的团队开发度量的构建块,并关注反映每天工作的详细信息。实际上,很难专注于生成的所有数据。作者喜欢从每个系统提取关键度量,获得数据并将其作为默认值发布,可以一目了然地了解整个软件生命周期。对于团队来说,一个良好的策略是发布所有数据,并组织报告,以便团队关注在计划会议中同意的度量。

下面以这个场景为例:一个团队发现 CI 系统构建失败率很高,他们正在跟踪良好/差的构建比率,如图 9-4 所示。

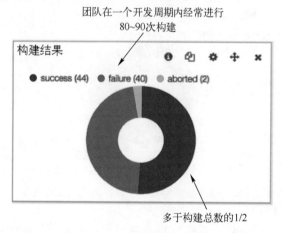

图 9-4 显示团队成功和失败的构建率,其中成功构建率超过 1/2

当他们开始调查问题时,发现很多问题都是如果早期多加关注代码更改便可能被发现和避免的。该团队最近从使用 SVN 作为其 SCM 系统转移到 Git,只是将代码提交给主分支,如图 9-5 所示。

他们决定实施拉请求工作流,将同行代码审查添加到开发周期中,这将有助于提高代码的质量。当开发人员提交代码的时候,不是在主分支直接检查它,而是打开一个拉请求,并要求同行反馈,如图 9-6 所示。

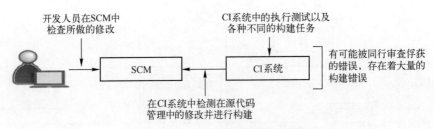

图 9-5　如何在 SCM 中执行代码

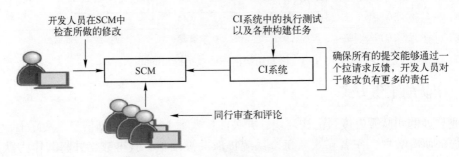

图 9-6　修改工作流：移动拉请求，减少失败构建的次数

在下一次回顾中，他们注意到构建比率得到了显著提高，如图 9-7 所示。

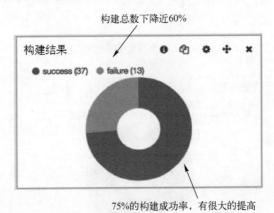

图 9-7　成功或失败的构建率上升，但构建总数明显下降

当他们查看构建结果的时候，发现构建成功率变大了，但是构建总数变小了。

当他们讨论新过程时，PR 问题反复出现。经过进一步讨论和分析，他们意识到开发人员使用 PR 来获取反馈，而不进行质量检测。

一个良好的 PR 应该包含测试完成的代码，并预备发送给客户使用。PR 的目的就是让那些对软件有深入了解的同行开发人员，提出合理化建议，确保最终目标修改适合，并且不与其他变化相冲突。一个好的 PR 应该很少或不会受到批评质疑，并迅速得到良好的吸收与融合。

相反，开发人员在检查有缺陷的代码，通过 PR 讨论设计，这会引起团队成员将注意力从自己的领域转移开，并在 PR 评论中进行大量的讨论。开发人员能够多次向同一个 PR 提交，这将会持续几天，方便大家交换意见。

在拉请求中协作，显然能够确保小的错误出现的概率小，但通过实施 PR 工作流，最终会出现意外的副作用。如果他们返回到之前提交的代码，如果在进入构建管道之前发现问题，就可能获得更好的质量和频繁的交付。他们决定跟踪会产生负面影响的度量：

- 大量的评论——如果他们看到一个 PR 有超过 6 条的评论，那表明问题扯得太远。如果看到评论数在增加，应该查明原因，为什么解决方案有如此多的争议。
- PR 持续时间——如果 PR 提交成功，则会在一天内合并，如果需要微调，在提交当天就会被修复和合并。如果 PR 持续了几天，则表明出现了问题，要么是由于团队没有对技术实施达成一致，没有制订出最佳解决方案，要么是出于某些原因，没有人审查、批准或合并 PR。
- 每个 PR 的提交数量——刚开始出现了几个提交。如果需要解决评论或拒绝这个 PR，那么发送 PR 的开发人员将提交更多的代码来解决问题。对同一个 PR 的提交，次数越多，表示该 PR 越难以解决，所以这个次数应该很低。

大量的 PR 评论和提交次数，以及较长的 PR 持续时间，会延长软件的交付时间和开发时间。他们做了一些修改，把这 3 个度量放在仪表板的顶部，方便团队成员每天查看和审查。每个 PR 的持续时间和提交次数应该很低，要求 PR 的持续时间少于一天，如果用小时数来衡量，应该确保不超过 24 h，每个 PR 的提交次数不超过 6 次，否则表示出现了问题。

仪表板显示的信息如图 9-8 所示。

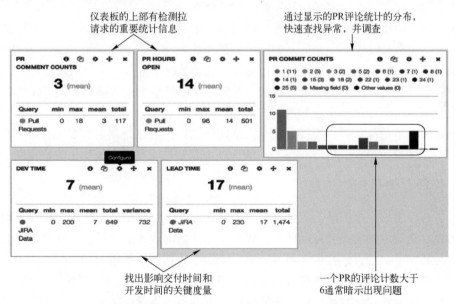

图 9-8　仪表板显示衡量团队工作过程的度量：（左上角顺时针方向）
每个拉请求的评论数、提交拉请求、交付时间和开发时间等

注意，这是团队重点关注的度量清单，但他们仍然关注仪表板上的其他度量，如交付时间和开发时间，但是度量清单更有针对性，有助于针对发现的问题改进过程。

与上一个示例一样，在团队回顾期间，应该确定度量，以便成功实施和测量这些项目。每个开发周期都要更新仪表板上的数据，便于团队查看当前信息，但是也要保留之前度量的信息，以全面了解其运转情况。

如果刚开始不知道该关注什么，以下度量就是应该关注的重点。他们不可避免地会提出一些问题，让团队进一步深入挖掘，并创建和关注团队每天使用的测量集。

■ 标签和标记——显示每天工作的趋势。它们反映团队完成目标和直接任务的情况。如果发现有问题，就做出标注并快速采取行动。

■ 拉请求和提交——这些反映团队一起工作并修改代码的信息。作者喜欢给团队设定目标，每个开发人员每天至少提交一个拉请求，以及合并一个拉请求。如果团队可以达成这个目标，则通常意味着任务足够小，能够保证团队平稳前进，步调一致地开展工作。

■ 任务流和重复率——作者喜欢看到拉请求和提交持续移动，最好是向前移动。这表明团队成员清楚理解各自的任务，有条不紊地开展各项工作。每天看到重复点从工作流中消失，这是一个好的衡量标准。如果看到该数量增加，则要找出任务出现问题的根源。

■ 好的/差的构建比率——团队在软件开发中使用工作流非常重要，但是要确保开发出高质量的软件。好的/差的构建率是一个良好指标，可以衡量团队是否使用了自动测试标准在代码质量规则范围内发布更改。作者确信当一个构建出现问题时，每个人都应该停止当前工作，执行修复方法。使用构建规则设置必须完成的任务。如果由于某种原因，没有完成，团队应该优先找出问题原因并修复它。如果遵循此方法，则这将成为团队在规则中所定义的开发能力的重要指标。

■ 面向客户的质量评价——作者曾经看到一些团队，他们将产品支持从开发团队中分离出来。经常会发生开发人员不知道他们的工作对客户造成怎样的影响。这样很不好，尤其是当团队正处在持续交付的过程中。在此情况下应该有一个质量度量，能够合并面向客户系统中最重要的统计数据，并向团队中的全部成员显示每项工作的状况。

仪表板显示所有度量的信息如图 9-9 所示。

使用这个基本的度量可以很好地衡量团队的一致性。通过将此基本数据与团队在回顾期间提交的特定度量相组合，可以获得基本信息以及需要关注实现积极变化的特定度量。

9.1.2　管理者想看到的信息

管理者可以组织一个团队与其他部门之间进行交流，制订团队运作的方式以及团队中每个人的角色。管理者通常是开发团队和高级领导团队之间沟通的桥梁，因此他们不仅需要了解团队的运转细节，而且还需要知道如何将上级命令传达到下级组织。

管理人员应该关注团队日常细分的度量。如果团队对于所开发的产品完全拥有所有权，则管理人员就应该让团队自己处理日常的度量。管理人员不考虑细节，而是通过查看数据变化，了解团队的改进情况。他们也应该比较多个团队的数据，找出规律，确定团队工作良好的时间点，并考虑向其他团队推广。

为了实现这些目标，管理者必须从不同的观点出发来组织数据。从管理的角度出发，最典型的就是：

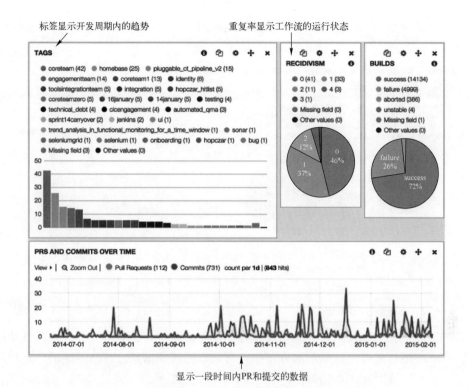

图 9-9　仪表板显示在软件开发周期中使用度量的示例

- 交付时间——从定义任务到完成任务之间的时间，了解完成任务的情况。
- 速度或工作量——速度显示团队如何一致地工作，工作量表示完成了多少任务。因为速度显示估算值随着时间的变化情况，工作量显示总任务数随着时间的变化情况，若将两者合在一起，就能够很好地了解团队实际完成的工作量情况。
- 估算准确性——团队准确估算的能力告诉管理者他们对工作的了解程度以及他们的可预测性。
- 提交者和拉请求者——管理者通常也关心团队成员的工作。他们会关心团队中表现最佳的人，以及每个人的具体工作。根据提交代码和审查代码的工作情况，可以了解整个团队取得的成绩，如果你看到团队成员的糟糕表现，可以培训他们。
- 标签和标记——根据团队工作的内容和分类标准，帮助管理者分解报告。通过赋予团队成员标记的自由，管理者能够深入了解他们想到的、做到的和感觉到的东西。
- 拉请求和提交的变化——与显示开发信息的仪表板一样，管理者也想看到有关团队工作效率的信息。
- 面向客户的质量评级——这也是管理者要关注的重要统计数据，因为这里看到的数据变化暗示着团队的成功与否，以及今后发展的方向。如果团队开发软件的质量在很长时间内保持上升态势，那么管理者应该总结成功经验，并将其向其他团队推广。

需要注意的一点是，它不仅显示统计信息，还显示术语，可以单击进入以查看不理想的数据。图 9-10 显示了交付时间和估算状况的分布，以及它们的统计信息。

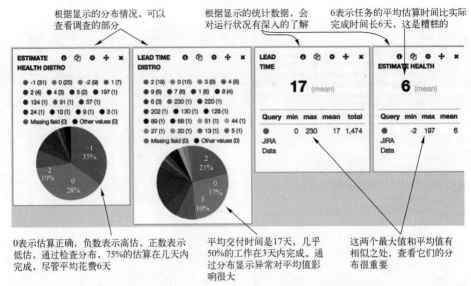

根据显示的分布情况，可以
查看调查的部分

根据显示的统计数据，会
对运行状况有深入的了解

6表示任务的平均估算时间比实际
完成时间长6天，这是糟糕的

0表示估算正确，负数表示高估，正数表示
低估，通过检查分布，75%的估算在几天内
完成，尽管平均花费6天

平均交付时间是17天，几乎
50%的工作在3天内完成。通
过分布显示异常对平均值影
响很大

这两个最大值和平均值有
相似之处，查看它们的分
布很重要

图9-10　平均交付时间和估算状况不能准确地描述团队的运行状况，需要分析异常数据

在这种情况下，估算状态为 6 意味着，完成任务的平均花费时间比开发人员预期的时间
多 6 天，这有些糟糕。可以从显示的分布中查看数据的详细信息，找出问题的严重程度。在
此情况下，一些完成时间超出估算值的任务的数据发生了异常，尤其是 197、124、91 和 57
这 4 个值偏离了平均值。在团队队列中有超过一个月的任务，要么被优先化，要么被遗忘。
鉴于此，可以删除运行状况的估算值大于 30 的所有任务，从而删除异常值。经过查询修改
后，情况如图 9-11 所示。

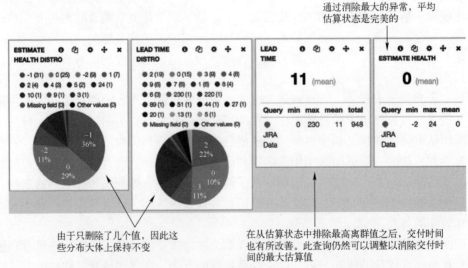

通过消除最大的异常，平均
估算状态是完美的

由于只删除了几个值，因此这
些分布大体上保持不变

在从估算状态中排除最高离群值之后，交付时间
也有所改善。此查询仍然可以调整以消除交付时
间的最大估算值

图9-11　从交付时间去除 4 个最大的异常值后，统计数据更接近团队目标

这些数据严重偏离了正常的交付时间和估算值。通过挖掘细节和研究查询以消除异常，
他们能够看到真实的情景，并深入到问题中查找 2~4 月没有完成任务的原因。团队的下一

步可能是重复前面的工作，以确保统计数据真实地反映团队的工作状况。

通过使用这种技术以获取大量数据，管理者可以很好地了解大局，并在趋势变得明朗时进行更深入的研究。他们关心个人与团队之间的数据，也关心团队的绩效如何影响战略目标，因为他们要对组织中更高级别的领导层负责。

9.1.3 高管关心的事情

接下来使用含有几个级别的组织结构图，改变团队组成或组织结构、预算和战略。领导团队关心当前的工作情况，但他们通常对大局以及对公司整体福祉的影响更感兴趣。如果团队实现了目标，组织取得了成功，则甚至可能不必担心滚动报告会到这个级别。当必须执行高层领导下达的任务时，要确保能够快速、高效地展示他们需要的信息。有趣的是，与领导沟通通常通过演示文稿，而不是通过仪表板和特别度量进行。根据组织的规模以及领导团队的执行力，决定与他们交流数据的最佳方式。通常他们最关心有关战略目标的数据。如果领导团队制订战略方向，使用 DevOps 模型频繁地发布代码来更好地吸引客户，开发团队应该提供一段时间内版本发布的次数，以便使他们看到进展情况。

在第 6 章中讨论的业务度量数据，也是管理人员所关注的。如果开发团队创建一个度量，作为确定产品业务成功的标准，那么随着时间的推移，这个度量肯定是人们考虑是否赞助团队的首选因素。如果组织中有多个开发团队，并且每个开发团队都有自己的一套业务成功标准度量，那么汇总这些度量，将产生领导层所关心的仪表板或报告。

如果开发团队不知道从哪里开始，但想把它们放在一个仪表板里，以下是领导团队通常关心的一些度量：

- 版本数/每个版本的功能数——会修改发布版本的次数和工作量，通过客户反馈情况显示如何与客户沟通。
- 面向客户质量评级——这是组织中每个人都应该关注的一个度量，从而了解各项指标是否运转正常。
- 开发成本——控制预算的人关心开发成本。当开发团队将此与客户的参与度和满意度相结合时，可以帮助每个人理解投资的回报。

下面举一个本地移动应用程序的例子。面向客户的质量评级来自应用程序商店 —— iTunes for iOS apps 和 Google Play for Android apps。评分很简单，客户根据他们的喜好，使用零到五颗星给应用程序评级，结果将通过应用程序商店发布。该程序的质量检查，可能是发布的应用程序版本的崩溃百分比。

根据团队在这个项目上花费的时间，很容易计算其开发成本。仪器、设备和支持费用通常算在间接成本中。

对于移动应用程序，每次专注于度量单个功能通常是最容易的。在示例中，每个版本都与使用度量发布的单个功能相关联。

对于执行团队来说，最好把所有的数据放在一起，可以一目了然地了解整体情况。如图 9-12 所示，使用气泡系列图表，显示所有度量信息。每个发布的轴上有一个气泡，按发布的总小时数确定成本的大小。x 轴表示崩溃率，y 轴表示星级。

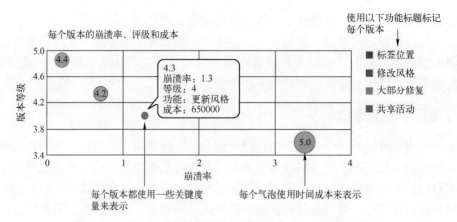

图 9-12 仪表板显示衡量开发新版本的成本、崩溃率和评级

正如图 9-12 所示，崩溃率和星级有着显著的关联。当崩溃率低的时候，发布往往获得更好的评级。可以看到较小版本（4.2、4.3、4.4）的成本远低于大版本（5.0）。从执行的角度看，团队执行小的应用程序似乎要高效得多。

如果团队做得不好，会频繁地向领导层提交报告。在工作改进的过程中，应该使用所跟踪的关键数据点，让团队重回正轨，这表明了团队清楚这些问题，知道如何解决问题并且正在取得进展。演示团队所做的更改，对度量产生的影响，以及取得的进步，这都是领导者想要看到的。如果存在问题，至少了解它、纠正它，并能进行有效的跟踪。

9.1.4 使用度量的影响

从本书中了解到，度量真的很棒，但是也有不足之处，以至于团队不能更清晰地了解它。这时候有人会提出一个观点，并会使用一个特定的数据组合来证明。在提取整个数据集中的部分数据时，可能会产生问题，他们只想用来证明一个观点，这可能导致在不知情的情况下，做出糟糕的决定。

如果想使用数据来影响变化，需要找到一个具有说服力的度量，但有一点就是假设可能不正确。当肤浅地使用时，数据可能会误导团队，因为单个度量有局限性。当团队努力证明或反驳一个假设时，一定要使用不同的数据点进行相互检查。

例如，一个团队正在开发一个移动应用程序，每个功能的开发周期是两个月，剩下的时间用于强化代码库和清理技术债务。如果想查看此团队的某些数据，如图 9-13 所示。

系统有一个月的维护期，看上去似乎很可怕。该项目的一些开发人员，想将开发模式转移到一个持续交付的模式中，他们不需要构建任何技术债务，从而减少版本发布的时间。

团队能够使用发布周期中的数据，说服相关人员，改变过去交付代码所做的承诺。版本发布以后，他们会看到收益。他们执行任务的速度较慢，但是能够解决疑难问题，不影响发布周期。更新以后的发布周期如图 9-14 所示。

起初，每个人都非常兴奋，能够更快地交付代码，但是当版本发布以后，他们发现在应用程序商店的评级开始下降。他们对结果进行了深入研究，注意到客户选择了他们发布的新功能。经过开会讨论这种现象产生的原因，最后将矛头指向较短的开发周期，其中还包含一个

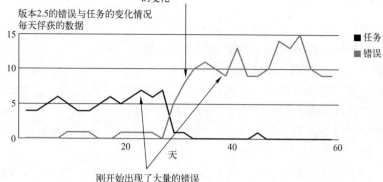

图 9-13　在团队开发和测试过程中，任务和错误的变化情况

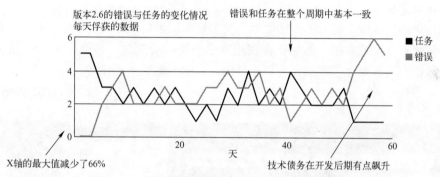

图 9-14　系统更新完成以后错误和任务的变化情况

简化的测试版。沿用他们以前的开发模式，很快实现从一个错误的版本到测试版本的转换，但这会增加代码和功能自身的维护周期。专注于项目管理系统的数据，忽略从测试版本收集数据，以及对项目所造成的影响，当想要更有效地将版本交付客户使用时，最终会伤害客户。

在这个例子中，团队将焦点集中在发生问题的地方，而不考虑其他方面。他们忽略了在其生命周期中，把测试版本反馈作为一个数据点，而是仅查看了现有的数据。为了避免这个问题出现，团队把测试循环作为交付的关键部分，并且想出分解之前测量其值的方法。

当挖掘数据时，请保持平常的心态分析数据，而不是操纵数据以适应假设。

9.2　不同的发布方式

每个组织都有各自独特的沟通方式。无论在哪里工作，不同的人会使用不同的沟通方式，如电子邮件、仪表板和报告。跨组织沟通的最佳方式，是在该组织的边界内进行沟通。如果每个人都希望每周二看到一个状态报告，那么大家想法一致很不错。如果每个人都将这些电子邮件直接发送到已删除的文件夹中，那么不如使用仪表板，人们可以在需要时提取数据，这样效果会更好。

以下是一些使用仪表板、电子邮件和报告的提示，可以根据组织的实际情况，选用最好的方式。

9.2.1　构建仪表板

本书一直使用仪表板。信息很容易发布在基于 Web 的仪表板上，便于公司中的每个人在需要时查找数据。以下部分提供一些使用仪表板的提示。

不要限制公司内部的访问，但要保证安全

有时人们喜欢隐藏数据来保护自己或他人。在公司内部或团队中，这通常不是一个好的做法。如果数据以协作和开放的形式在公司内部使用，那么就应该允许任何人访问该数据。如果工作的环境鼓励以负面形式使用数据（如为了政治利益），那么最好将数据保存在团队中，以避免泄露数据。

另一方面，仪表板里保存了大量工作进展的信息，在任何时候都要优先保证网站和数据的安全，以防外人窃取。即使要在办公室范围内公开数据，也要记得提防墙外偷窥的眼睛。

使其可自定义

不同角色的团队成员想看不同的数据，仪表板的设置应该体现灵活性，按照他们想要的方式和时间来查看度量数据。如果正在使用本书中提到的工具，如使用 Kibana 来创建仪表板并保存数据。用于保存仪表板和更新控件的元素的示例如图 9-15 所示。

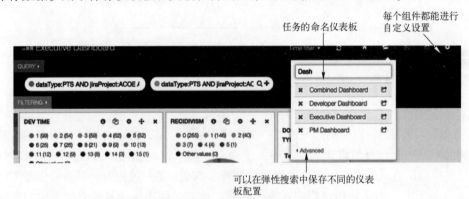

图 9-15　Kibana 标题及一些可定制的元素

团队所做的最糟糕的事情之一就是向客户提供的仪表板，没有在正确的地方显示客户所期望的数据。若发生这种情况，人们就不太可能使用它。

确保人们知道这些数据是工具，而不是武器

有关度量的最大的恐惧是，有人把它们作为衡量好坏的工具，永远不要把度量作为武器来使用。良好的沟通数据，有助于让每个人了解团队的工作状况，并跟踪开发过程的变化。

从环境中寻找机会，以积极的方式推广这些技术。作者发现从开始回顾数据，到诚实和公开的谈话，有助于理解所做的工作对度量的影响，以及跟踪的重要性。

团队应该确保被测人员，对他们认为最重要的度量有发言权。例如，想测量 CLOC，请参考开发团队的意见。如果他们不喜欢这个度量，询问原因，有助于确定他们实际关心的度量。来自于团队的谈话和协作，会促进成功。

页面跟踪仪表板的使用情况

仪表板是客户经常使用的产品，作者发现，内部工具不像面向客户的工具一样经常被跟踪，最终导致人们厌烦而不再使用。使用页面来跟踪仪表板，通过查看点击率最多的地方、客户关注的内容以及使用的频率，了解对团队和公司最有价值的度量。可以使用第 6 章中的技术，跟踪仪表板上的度量。网页点击率和度量点击次数非常有用，以下分别对它们进行介绍：

- 网页点击率——多少人在使用仪表板？他们频繁点击哪些视图？在这些页面上花费了多少时间？
- 度量点击率——人们点击哪些方面的度量？这将显示大家最关心的内容，并帮助优化默认仪表板。

9.2.2　使用电子邮件

电子邮件是一个很好的通信工具，但也有局限性。当本书被编写的时候，投资公司 Kleiner Perkins Caufield & Byers（KPBC）发布了一个有关客户技术趋势标准的报告，估计美国人每天花费近 1 h 检查手机或平板电脑上的电子邮件或消息，其中超过 70% 的是垃圾邮件。经过大量的事实证明，人们需要花费大量的时间来删除垃圾邮件。如果花费了大量的时间过滤垃圾邮件，就应该明确知道客户关心什么、需要什么。

以下是一些电子邮件提示：

允许人们选择电子邮件报告

大多数人都喜欢电子邮件，当他们收到垃圾邮件时，都会将它们删除。糟糕的是，如果使用垃圾邮件过滤器，重要的资料也有可能被过滤掉。最好使客户有选择地从仪表板获取电子邮件，并显示他们希望定期更新的数据。

另一方面，应该允许人们选择退出。请务必知道有多少人收到了报告，以此作为电子邮件是否成功地向人们发送信息的度量。

提供所需的最少数据和参考动态仪表板

当向别人发送一个电子邮件的时候，应该只包含他所需要的信息，仅向其显示有影响的敏捷规则，以及几个关键度量，如果收件人选择，则会进行一些操作。与此同时，也许他们想深入挖掘或查找更多的数据，在这种情况下，不要在电子邮件中添加太多数据，而是将其添加到仪表板，在电子邮件中引用该仪表板。

建立正确的节奏

不要频繁地发送电子邮件，这会引起同事恼火，因此应该创建一个电子邮件规则。开发人员和迭代大师希望每天都能收到报告，但是高层管理者希望每周或每两周收到一次报告。如果仪表板中设置了页面跟踪，就会将客户活动与电子邮件中的时间安排相关联，方便客户及时查看邮件，关注发布的数据。

9.3　案例研究：从可见性转向战略目标

在本案例研究中，将看到一家拥有实体零售业的公司，于最近建立了一个电子商务网站以增加销售量。一旦网站启动并运行，他们开始比较电子商务网站和实体店两者不同的购买模式。最显著的一点就是，当客户从他们的网站购买物品时，通常只购买 1 件商品，而在零售店通常一次购买 3~4 件商品。他们的零售策略是把网站中相关的项目组合在一起，目的是使客户在购买想要的东西时，能够发现相关的商品。

领导团队讨论了这一策略，他们决定赞助这项开发计划，以增加电子商务网站上相关项目的销售额。根据估算，如果在电子商务网站上实现和零售店一样的购买模式，其销售额将增加 70% 以上。他们为开发团队设定的目标是在其财政年度结束时，将相关产品的销售额增加 100%。

项目经理分析客户没有购买相关商品的原因。选择与零售店相同的模式，他们决定采用一些方法向正在购物的客户展示相关项目。为此，他们开发了一个产品推荐系统，方便客户选购商品，并且根据客户的购买模式，不断完善电子商务网站的商品推荐功能。

交付团队提出技术设计，并与项目管理合作，完善交付计划。从一开始就为项目中的每个人创建仪表板，目的是让各个组织都能看到任务的进展情况。有几个不同的交付团队，必须努力协调推进这一功能，如图 9-16 所示。

图 9-16　组织内的成员结构及职责

他们想从业务成功度量开始，摆脱所提供的功能。在此情况下，所提出的业务成功度量如下：

- 销售的物品——作为一个网站的成功度量，他们已经在跟踪。
- 每笔订单的商品数量——如果能够成功实现此功能，会看到销售额快速上升。这是一个关键度量，与领导团队制订的战略目标有关。
- 每笔订单的推荐项目——这是显示所开发的产品推荐功能有效性的关键度量。如果销售额上升，则表示产品推荐功能是成功的。如果这个数字增长的速率与每个订单项目数增长的速率相同，他们便能知道这是实现目标的驱动力。

像第 6 章中的团队一样，他们使用 StatsD 来调试代码，并将这些度量信息发送回他们的监控系统，见清单 9.1。

清单 9.1　使用 StatsD 添加特定的业务度量

```
private static final StatsDClient statsd = new
    NonBlockingStatsDClient("the.prefix", "statsd-host", 8125);  ← 设置StatsD客户端
    ...
statsd.incrementCounter("orders");   ← 增加计数命令
statsd.recordGaugeValue("itemsPerOrder", x);   ← 为此订单设置每个订单的数量
statsd.recordGaugeValue("recommendedItems", y);   ← 设置订单的项目数
```

152

不同的团队使用不同的度量，网络服务团队正在努力改进拉请求的工作流程，专注于PR评论、拉请求和提交，以确保其运行正常，如图9-17所示。

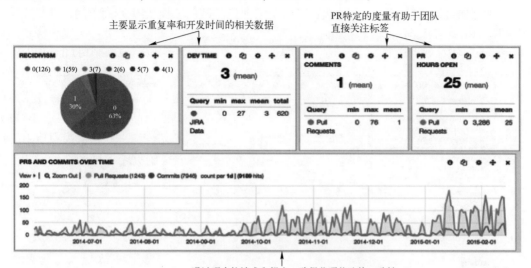

图 9-17　网络服务团队的仪表板显示各个度量信息

开发团队为推荐项目构建了一个数据处理器，因为他们必须进行快速迭代，关注估算的准确性、交付时间和部署频率，以应对可预测的变化，如图9-18所示。

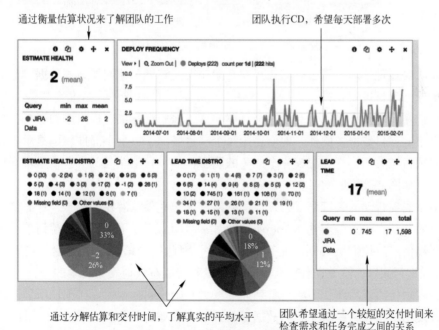

图 9-18　仪表板显示团队处理数据的过程

通过管理整个项目来监督所有的团队。他们希望工作流程具有可预测性和一致性，所以他们最关心速度、重复率（工作流程中任务的移动情况）、交付时间和估算准确度。他们希望查看所有项目的统计信息，而且能够研究个别项目，其仪表板如图 9-19 所示。

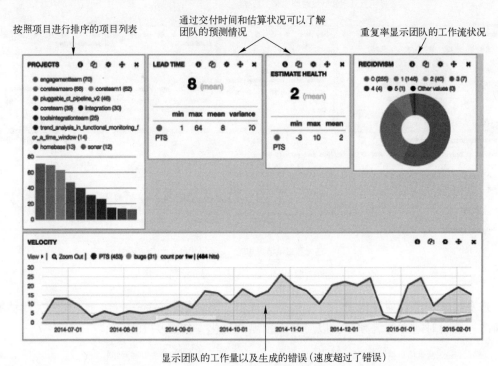

图 9-19　项目管理团队使用的仪表板

领导团队对经理管理工厂予以信任，并希望获得能够显示他们能力的数据。他们想知道销量增长情况、项目进展情况，以及策略是否正在影响在线业务。标准度量是每月滚动收入、客户反馈和滚动月度订单。对于这个具体项目，他们在其仪表板中添加了一个窗口，以跟踪每个订单的项目数据。此外，他们还为每个项目增加了一个小部件，以显示项目的运行状况。如果项目被关闭，它会变成一个红色的阴影；如果它正在运行，它将呈现绿色。仪表板显示的信息如图 9-20 所示。

通过显示当前行动的关键测量，领导团队能够成功地跟踪潜在的威胁，在必要时能够及时调整管理团队的方法。他们并不关心团队的日常活动，所以不需要了解拉请求、估算和完成任务的详细信息。他们关心项目是否运转正常，因此使用第 7 章中介绍的代码运行状况（CHD）等级进行跟踪，这是工作流程、代码质量和持续有效地发布版本的组合。

伴随着客户使用该功能，团队会看到业务度量开始受到影响。现在他们所需要的数据都已到位，开发团队正在跟踪所关心的数据，管理层正在跟踪跨团队的数据，并且收集数据，以显示符合领导层所制订的战略目标。图 9-21 显示了不同团队的成员，以及他们所使用的数据。

领导团队最关注的信息包括每月总计
滚动收入和订单以及最新的客户推文

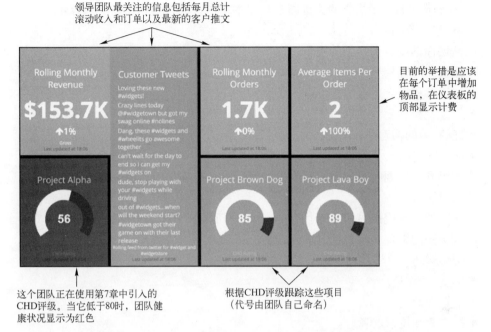

目前的举措是应该
在每个订单中增加
物品，在仪表板的
顶部显示计费

这个团队正在使用第7章中引入的
CHD评级。当它低于80时，团队健
康状况显示为红色

根据CHD评级跟踪这些项目
（代号由团队自己命名）

图 9-20　仪表板显示项目的运行状况，通过推文收集客户反馈意见

图 9-21　对团队组织人员和数据进行审查

9.4　小结

不同级别的组织需要为开发团队提供不同的信息。向相关人员发布正确的信息，是在整

个组织中实施成功的度量报告的关键因素。在本章中，读者学到了以下内容：

- 将度量发布给执行人员。
- 团队层面的度量是详细的度量，显示了团队的工作状况。跟踪团队的关键度量如下：
  - 标签和标记。
  - 拉请求和提交。
  - 任务流和重复率。
  - 好的/差的构建率。
  - 面向客户的质量等级。
- 在回顾和反思期间，当识别了改进的区域时，请务必确定相应的度量，以确保每天都取得进步。
- 管理层的度量应该显示整个团队在一段时间内的工作情况，以及团队成员的工作情况。关键的管理度量包括以下内容：
  - 交付时间。
  - 速度/工作量。
  - 估算准确度。
  - 提交者和拉请求者。
  - 标签与标记。
  - 一段时间内的拉请求和提交。
  - 一段时间内面向客户的质量等级。
- 执行层面的度量应该显示团队的进展如何影响战略目标。管理人员应该看到的几个默认度量如下：
  - 版本数或每个版本的功能数。
  - 一段时间内面向客户的质量等级。
  - 开发成本。
- 在组织内部使用仪表板交流度量信息，是一种良好的沟通方式。功能强大的仪表板有以下特征：
  - 无限制的内部访问。
  - 可以自定义。
  - 要确保人们知道把数据当作工具来使用，而不是作为武器。
  - 使用页面跟踪来显示仪表板的使用情况。
- 在以下条件下，电子邮件是一种很好的沟通方式：
  - 允许人们有选择地添加电子邮件报告。
  - 提供最少的所需数据量，并引用动态仪表板。
  - 建立正确的节奏。
- 显示分布和统计信息，可以一目了然地识别异常情况，并在适当的时间修复它们。

第 10 章
根据敏捷原则衡量团队

本章导读：
- 将敏捷原则分解成可衡量的部分。
- 将本书介绍的技术应用到敏捷原则中。
- 将度量与敏捷原则相关联。
- 衡量自己的团队遵守敏捷原则。

如果询问世界 500 强企业的 CIO（首席信息官），他们的团队是否实施了敏捷开发，他们很可能会说是的。如果进入到这些公司的开发团队中，就会注意他们的运作方式在不同程度上有所不同。这没关系，实际上，敏捷开发框架允许开发团队在自己的开发环境中快速移动。

随着团队经常使用敏捷开发过程，他们便开始怀疑其敏捷性，解决的方法是根据敏捷原则，衡量自己的团队。

作者在谈论持续改进敏捷开发项目，根据敏捷原则衡量自己的项目和团队，从而完成本书的编写，这似乎比较合适。使用本书所讨论的概念，分解敏捷原则，并显示如何使用它们来衡量自己的团队。

10.1 将敏捷原则分解成可度量的部分

作为本章的参考点，下面先来看看敏捷原则，就像敏捷宣言中所写的一样。
- 首要任务是尽早和持续交付有价值的软件来满足客户。
- 用户需求的变更，发生在开发周期的哪个阶段都没有关系，使用敏捷流程能够提高开发团队竞争的优势。
- 频繁地交付软件版本，周期从几周到几个月，版本间隔时间越短越好。
- 项目中的业务人员和开发人员每天都要相互协作。
- 积极围绕个人构建项目。为他们提供环境和相应的支持，充分信任他们的工作能力。
- 团队获取外部信息及内部交流信息的最有效方式就是面对面交谈。

- 软件正常运行是首要的度量标准。
- 敏捷开发促进项目可持续发展。项目发起人、开发人员和用户能够无限期地保持一致。
- 持续关注卓越的技术和良好的设计,以提高敏捷性。
- 简单化,最大限度地减少工作量是必不可少的。
- 自组织团队拥有最好的架构、规格和设计。
- 团队定期地反思,如何提高工作业绩,然后进行相应的调整。

刚开始使用敏捷原则,会有一点乐趣。如果把它们放到一个单词云中,如图 10-1 所示,通过查看使用率最高的单词,会从不同角度了解敏捷原则。

图 10-1   使用单词云描述敏捷原则

毫无疑问,"开发"和"软件"是软件开发原则中两个使用率最高的单词,另外还有一些有趣的特征:

- 有效的是唯一使用不止一次的形容词。
- 需求、开发者、工作、团队和过程都是焦点。

如果开始思考如何衡量敏捷团队,一定会考虑如何衡量其主要焦点,可以将其分解成能够测量的问题,具体如下:

- 开发团队的工作效率高吗?
- 开发过程高效吗?
- 需求符合软件有效性吗?
- 软件质量符合标准吗?

最终目标就是开发出高质量的软件，将它们放到一个简单的方程式中，如图 10-2 所示。

下一步是使用本书收集的数据来回答问题。可以使用前面所划分的 4 个问题，对原则进行分类，以便进行测量。如果仔细查看每一个敏捷原则，将会看到 12 个原则中有关软件测量的有 3 个，有关团队合作的有 4 个，有关过程的有 4 个，1 个参考需求，因此应该将原则与交付生命周期保持一致。

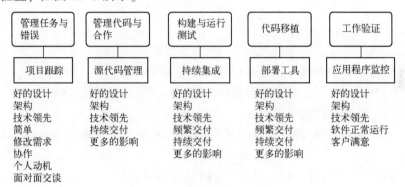

图 10-2　敏捷原则的核心元素

10.1.1　将原则与交付周期保持一致

如果提取每个原则的关键信息，并将其体现在前几章提到的交付周期中，就会看到获取测量数据的位置，如图 10-3 所示。

管理任务与错误	管理代码与合作	构建与运行测试	代码移植	工作验证
项目跟踪	源代码管理	持续集成	部署工具	应用程序监控
好的设计 架构 技术领先 简单 修改需求 协作 个人动机 面对面交谈	好的设计 架构 技术领先 持续交付 更多的影响	好的设计 架构 技术领先 频繁交付 持续交付 更多的影响	好的设计 架构 技术领先 频繁交付 持续交付 更多的影响	好的设计 架构 技术领先 软件正常运行 客户满意

图 10-3　交付周期中更灵活的原则

查看这些关联的另一种方法，是将所有关键测量放在一个矩阵中，以获取系统中的数据，见表 10-1。

表 10-1　获取高亮部分敏捷原则的数据进行衡量

	项目跟踪系统	源代码管理	CI 和部署工具	应用程序监控
良好设计		×	×	×
良好架构		×	×	×
技术领先		×	×	×
修改需求	×	×	×	
工作协作	×			
个人动机	×			
面对面交谈	×			
持续交付		×	×	
更有效	×	×	×	
频繁交付	×	×		

（续）

	项目跟踪系统	源代码管理	CI 和部署工具	应用程序监控
软件运行		×		
满足客户		×		
简单性	×	×		

随着将敏捷原则映射到交付生命周期中，并分解出 4 个关键问题，可以使用前几章中的度量，将其映射到敏捷性中。

10.2　软件有效性的三原则

以下 3 个原则都有关键字，可以回答"软件是否有效？"。关键字在下列原则中以斜体形式出现：

- *软件运行状况*是首要衡量标准。
- 最高优先级是通过*尽早地和持续地交付有价值的软件*来满足客户。
- 持续地关注*卓越的技术和良好的设计*，以提高敏捷性。

对软件进行相关的衡量，很容易查看软件的运行状况，但是需要进行多次，非常困难。第 9 章主要讲述了衡量软件的工作状况。

使用第 6 章中的技术衡量客户满意度：使用遥测和特定业务度量来衡量软件的运行状况。

在讨论 CI 和部署系统时，回想起第 4 章所讲的尽早和持续地交付。这可以通过构建系统来实现，该系统可以自动构建和部署，并输出报告，从而获取有关构建和部署期间的全面数据。也可以通过跟踪交付时间或开发时间，使用第 3 章提到的 PTS 系统对其进行测量。

可以认为卓越的技术和良好的设计，是通过快速迭代代码或其可维护性，以及客户的满意度或其可用性来衡量的。它们在第 9 章中都有详细介绍。

10.2.1　衡量有效性软件

下面使用一个思维导图，将敏捷原则与要回答的问题相映射，如图 10-4 所示。

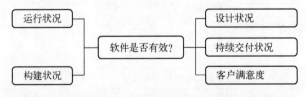

图 10-4　将问题"软件是否有效？"和敏捷原则相映射

如果只提出这些问题，将会看到它们在交付周期中的分布情况，如图 10-5 所示。

第 5 章中讨论了衡量 CD，可以使用具体的度量来确保其运行良好，具体如下：

- 成功与失败的构建：
  - 代码审查过程效果如何？

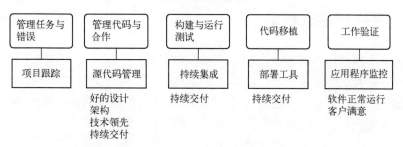

开发的软件是否有效?

图 10-5　从系统中获取度量信息以了解软件是否有效

- 本地开发环境如何?
- 团队是否考虑软件质量?
- 是否经常为客户升级软件?

当讨论对开发过程进行监控和度量时, 要确保软件运行良好和客户满意, 这是第 6 章的主要内容。以下有一些度量值得关注:

- 业务或应用程序特定度量——根据应用程序定义度量, 告诉客户如何使用网站。
- 网站运行状况统计——可以了解应用程序的性能及运行状况。下面是一些值得关注的关键统计数据:
  - 错误量。
  - CPU 或内存的使用率。
  - 响应时间。
  - 处理。
  - 磁盘空间。
  - 垃圾收集。
  - 线程数。
- 语义记录——这有助于监视特定于应用程序的度量。

当讨论如何开发高质量的软件时, 可以使用在第 8 章中介绍的度量:

- 可用性。
- 正常运行时间。
- 平均修复时间。

可以使用在第 8 章中介绍的度量, 了解如何构建高质量的软件:

- 可维护性。
- MTTR——解决客户问题的速度如何?
- 交付时间——将新功能交付客户使用的速度如何?

使用这个全面的度量列表, 可以清楚地了解软件的有效性, 并根据敏捷原则进行测量。构建软件是工作的内容, 过程是工作的方式。可以在以下 4 个原则的指导下测量过程。

10.3 4 个有效测量过程的原则

接下来的 4 个原则用来回答"过程是否有效?"
- 简单——最大限度地减少工作量是必不可少的。
- 频繁地交付软件版本,周期从几周到几个月,版本间隔的时间越短越好。
- 面对面地交谈——它是开发团队内部传递信息最有效的方式。
- 无限期地保持一致——使用敏捷流程可持续开发项目。项目发起人、开发人员和用户在开发过程中应该无限期地保持一致。

作为一个软件工程师,作者认为软件开发首先应该保持简单,因为这与软件测量有关。毕竟,使用简单的设计和标准的模式能够最大限度地提高团队的工作效率,增强软件的可维护性。尽管可维护性代码对工作量的影响很大,但通过查看 PTS 的数据(如任务卷或完成的任务数)可以轻松地衡量简单性。最大限度地提高所完成的工作量,意味着一个有效的过程:了解需要完成的最低工作量,以改善客户的体验。

根据软件开发周期中完成任务所花费的时间,以及发布给客户花费的时间,很容易测量交付软件的频率。测量交付的工作软件,值得注意的一点就是,测量客户获取它所花费的时间,不是在开发周期的最后阶段,当然不包含部署。作者曾经看到有些团队的开发时间较短,他们对此非常满意,即使每月都向客户发布大量的版本。交付时间一定要实事求是。

面对面交谈非常好,但是作者参加过许多会议或开发计划会议,不同人发表不同的观点。这个原则的关键是确保团队之间能够直接相互沟通,尽可能全面地了解对方的工作进展情况。

可以使用之前稳定的敏捷度量或速度,来测量团队是否保持稳定的速度,其主要受以下因素影响:
- 代码的可维护性——如果代码结构简单或容易修改和部署,则应该保持一个稳定的速度。
- 估算的一致性——通过了解所做的更改,团队将任务分解为可管理的部分,从而可以避免降低速度。

10.3.1 测量有效过程

图 10-6 所示是一个思维导图,有助于人们仔细观察测量过程。

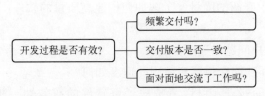

图 10-6 "开发过程是否有效?"的思维导图

将交付周期中的亮点，映射到过程中最应该关注的数据类型，如图 10-7 所示。

图 10-7　过程是否有效？

从简单性开始，可以看到几个不同的度量：

- 使用 SCM 系统中的 CLOC，能够看到修改了多少行代码。
- PTS 的估算和数值显示了工作量和完成的任务数量。
- 使用估算和实际运行值来查看估算的准确性。
- 通过交付时间、开发时间和工作量，可以了解交付的速度和频率。

通过交付代码频率和移动速度，可以测量交付的频率。可以使用第 3 章和第 5 章中的度量，来测量频率和速度：

- 使用之前有关速度的敏捷度量，很容易跟踪一致性。
- 使用构建和/或部署系统中成功部署的数量。
- 可以通过交付时间了解一个任务从定义到交付所花费的时间。
- 可以根据 MTTR 反馈的数据，必要时迅速对系统做出调整。
- 使用错误数可以用来检测交付代码的价值，或由于代码质量造成的异常。
- 可以使用代码覆盖和静态分析检查错误数量，以确保交付具有可维护性的代码。

面对面交谈不容易使用敏捷工具直接测量，但是可以通过捕获交付流程中的各个点在系统中的注释，来衡量沟通的信息量，并在 PTS 中交叉引用任意标记和标签，以获取最适合团队可测量的沟通方式：

- 如前所述，PTS 和 SCM 评论统计，暗示着合作的进展情况。
- 交叉引用这些评论，团队使用任务标签和标记沟通运行情况。

团队正在通过敏捷流程构建软件，下面将会看到下一组敏捷原则用来衡量团队合作的效果。

10.4　有效团队所遵守的四原则

接下来有 4 个原则回答"开发团队是否高效？"这个问题。

- 最好的架构、需求和设计来源于团队内部。
- 该项目的业务人员和开发人员每天都要合作。
- 积极围绕个人来构建项目。给予他们环境和支持，充分信任他们的工作能力。
- 团队定期反思如何提高工作效率，然后相应地调整其行为。

这些原则都是人们所关注的问题：团队成员相互协作的情况，他们的动机程度，自主水平以及检查和调整的程度。团队成员的协作如何影响其他度量，任务在工作流中移动的速度，平均每项任务有多少行代码，产生多少错误，以及任务在工作流中如何移动，都是测量团队工作状况的指标。

第一个原则将团队自主或自组织直接与软件的质量相关联。

可以认为第四个原则反映是一个过程问题，因为检查和调整是敏捷开发过程的一部分。作者曾经看到有的团队，由于系统的功能出现异常而进行反思，只是检查目标是否错误，他们不能互相诚实，或者不参与改进过程。衡量团队检查和调整的能力，是衡量团队有效性的一部分，因为这能充分展示团队能否直面缺点，并采取行动。

任务在工作流程中的移动情况，以及团队成员对工作的了解情况，是衡量团队合作良好的关键指标。

10.4.1 衡量一个有效的开发团队

创建这些问题的思维导图，如图 10-8 所示。

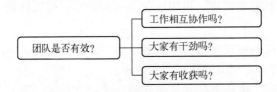

图 10-8 "团队是否有效?"的思维导图

在交付生命周期中进行调整，将看到这些问题跨越了整个生命周期，如图 10-9 所示。

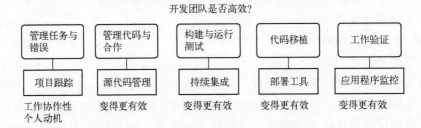

图 10-9 在软件开发周期中调整团队的原则

在第 3 章和第 4 章中，介绍了使用 PTS 系统数据分析团队的合作情况，以及通过以下几点了解他们的动机：

■ 在 PTS 系统中，根据开发人员对于任务执行情况的评价来标记任务，能够测量每个人的动机。在 3.2.5 节中介绍了使用快乐和不快乐的标签，并使用与前面指标相同的技术。

■ 团队合作可以通过 PTS 和 SCM 数据中的评论数来衡量。请记住，团队合作对团队的贡献会有所不同，因此重要的是要根据团队的工作情况来校准数据。

■ 可以通过重复率更好地了解团队的工作情况。如果任务在工作流中正常移动，通常表示团队运行良好。可以通过添加面向客户的缺陷来检查此问题，低重复率和出现大量客户的缺陷，意味着没有对团队正在执行任务，进行适当的审查——这样不好。反之，客户缺陷低的高重复率意味着团队正在整合，至少会产生高质量的代码。

第 2 章讨论了如何使用标签来替代 Nico-nico 日历，采取一种敏捷方式测量团队的动机。如果鼓励团队成员，根据任务的完成情况来标记任务，那么将开始构建团队动机的数据。更进一步，将有与团队幸福相关的任务。

在此情况下，衡量开发团队的有效性是否改进，可以查看交付频率，也可以使用以下度量：

- 交付时间——从开始到交付任务所花费的时间。
- 开发时间——任务从进入开发流程到完成的时间。
- 频繁发布——向客户发布版本的频率。
- 好的或差的构建——交付工作软件的频率。

使用自己的数据来衡量自主权，并不简单。获得任务的人员在进入工作流之前，检查登录和评论系统任务的人数，作者已经在这方面取得了成功。在非常自主的团队中，将看到使用者拥有足够的所有权，以便在将任务分配给团队之前，协作完成任务的定义。在简单地获得命令的团队中，通常会看到团队以外的成员完成大部分任务的创建和定义。要注意的另一种模式是非团队成员在工作流中移动任务，如图 10-10 所示。

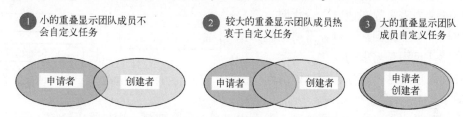

图 10-10　任务申请者和创建者的重叠以及它如何影响团队的自主能力

在 3 种不同的比例中，应该远离任何极端（图 10-10 左侧和右侧的示例）。在第一个例子中，使用者和创建者之间的一个小交叉点，通常可以导致团队成员专注于创建需求并填写任务，而其他团队成员仅仅为他们提供规范。当听到有人抱怨需求或责怪需求太少或不能实现时，就会看到这种症状。

图 10-10 右侧的示例，显示在开发人员负责创建自己任务的团队中，人们进入系统的最低限度，以表明他们有工作要做。这种极端情况会造成需求不完善，当人们忘记自己在最小卡片上的意图，并尝试估算时，或者与其他团队成员有工作分工时，会出现问题。

第二个例子（中间的一个）将任务导入工作流，通常是团队内部成员和外部人员的良好合作。这将使开发团队获得足够的工作支持，以及对保持需求完整性的足够外部影响力。

有效的团队使用有效的流程开发有效的软件。最后一个要素要求这些团队使用需求来开发软件。最后一条敏捷原则本身属于一个类别，虽然只是指导线，但它说明了团队在行动之前要明确目标，并且可以从几个方面进行测量。

10.5 有效需求的一条原则

需要回答的最后一个问题是"需求有效吗?"

无论在开发周期的哪个阶段变更用户需求,都不影响敏捷开发。敏捷流程能够提高开发团队竞争的优势。

需求的变化是团队所面对最麻烦的事情之一。在许多冲刺回溯中,团队抱怨目标丢失,因为在产品的整个开发过程中,由于不断变化的需求,排除了一小部分预期功能,以及因为架构,功能需求发生了变化,持续了一段时间的工作就被停止了。

当谈到团队如何处理不断变化的需求时,有两种观点:

- 怎样知道需求是否在变化?
- 当需求发生改变时,团队能保持一致吗?

因此,必须知道当前的一致性度量(例如,交付时间、重复率和速度),以及需求何时改变,这有助于衡量团队在面对变化时的表现。

10.5.1 测量有效需求

最后一条原则被映射在图 10-11 中。

有趣的是当需求静态地发生变化时,需要比较一致性。为了做到这一点,需要衡量团队的一致性,并且跟踪需求的变化。

单独使用速度这个度量,衡量团队对于变化的处理,当需求发生变化时,通常很有争

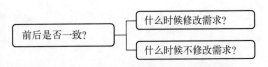

图 10-11 "前后是否一致?"的映射图

议。如果团队做出承诺进行一个冲刺,然而中途目标发生变化,则最终不会履行承诺。可以重新拟定或重构冲刺目标,但是在这个大的计划中,看上去在一段时间内团队的效率很低,但是比以往任何时候都更有成效。

任务量和平均估算是两个很好的度量,用于通过更改需求来跟踪一致性。在面对平均估算发生变化的情况下,借助团队所完成的任务数,能够了解其持续工作的情况。如果估算持续了一段时间,并且任务数量保持不变,则表示工作处于良好状态。如果看到这些趋势与速度不一致,则表明团队变化处理得很好。

在速度出现波动期间,重复率和交付时间可以用于检查团队的持续性。稳定的交付时间和重复率的趋势显示尽管承诺发生变化,完成任务的数量也持续增长,工作流保持稳定,如图 10-12 所示。

在开发周期开始阶段和结束阶段最容易衡量有效的需求,如图 10-13 所示。

作者只确定了一个直接解决需求的敏捷原则,但是也可以使用有效团队分类的原则,因为需求涉及团队中的业务人员、开发人员和质量检测人员。能够从多个方面来看待需求,首先,开发团队成员是否理解需求,并按照要求去做了?其次,客户是否获得了想要的功能?能够使用以下度量来衡量:

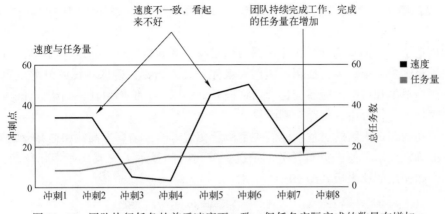

图 10-12　团队执行任务的前后速度不一致，但任务实际完成的数量在增加

图 10-13　寻找衡量需求有效性的数据

- 重复率——当重复率很高的时候，意味着工作流中人员之间的交流信息没有采用统一标准。这通常表示需求不完整或不一致。
- 交付时间、速度和开发时间——这些都是测量团队完成任务花费的时间。

团队使用敏捷过程将需求转化成软件，敏捷宣言中的敏捷原则可以分为 4 个可衡量的元素，可以追踪以了解团队如何遵循敏捷原则。下面看一个案例研究，了解团队如何将这些测量付诸实践。

10.6　案例研究：一个新的敏捷小组

一些公司转变开发模式，变得更加敏捷，但是也有局限性，如不能解决遗留系统、大型或财务对账系统无法在合理的时间内重建或重构，不能每几周发布一次，以及进行频繁部署。

案例中的一个团队，对一些网络和移动开发项目实施敏捷开发，其中有一个大型的财务主机每 15 min 更新一次。在了解了敏捷团队交付代码的速度之后，领导层尝试开发一个新系统，一次完成主机的全部功能。在此过渡期间，他们将开发人员从维护主机的团队，转移到新的敏捷团队，训练他们适应不同的工作，期望执行 CD。

解决技术问题比较容易，引导人们在新过程中改变习惯就会比较困难。为了帮助团队进行过渡，领导层开始执行目标度量跟踪，以使团队能够看到过程。该策略采取自上而下的方式，确保每个人都了解高层目标。当建立基准时，添加详细的度量，以持续改进过程。

他们创造了每个冲刺的标题，而这都与承诺在冲刺的最后阶段完成的功能相关联。这个标题肯定满足客户要求。他们使用标题作为软件开发的指标，确保将任务分解成更小的块，便于在冲刺中尽早和持续地完成交付。当将任务分解以后，他们对任务标记标题，以便能够按照标题对任务进行分组，跟踪个别度量。

为了成功跟踪进入新的过程，他们决定衡量交付时间，估算准确性和估算分配。估算分配和估算准确性显示了他们分解任务的情况，交付时间显示了完成任务实际花费了多少时间。他们开始使用的仪表板如图 10-14 所示。

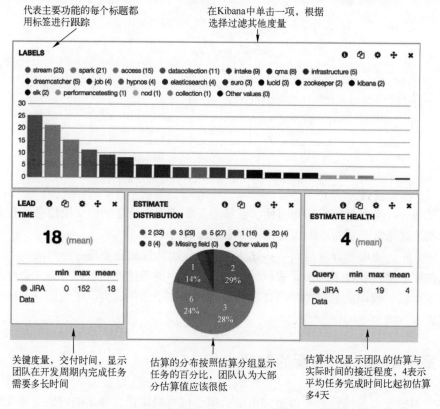

图 10-14　仪表板显示标签、估算分布、估算状况和交付时间

在开发过程中，一定要确保不断关注其软件技术的优势。在开始开发之前，团队应该整合所有的构建和监控系统，以便容易交付高质量的软件。他们使用其他实施敏捷开发和 CD 团队的工具，如 Sonar、CI 的内部交付管线，以及对产品实施监控的 APM 工具。通过使用这些工具，能够更好地理解软件的质量，因为他们的开发没有经历过 QA 阶段。因为这是开发团队的一个新概念，所以他们需要一些时间来熟悉这些工具，才能在开发过程中习惯使用它们。一旦他们能够复制其他团队的成功经验，就会变成一个高效的团队。

为了在跟踪 CI 方面取得成功，他们既要跟踪单元测试和突变覆盖率，确保团队能够编写正确的测试用例，又要跟踪好的和差的构建率，以确保迭代开发软件产品，这些信息显示在仪表板上，如图 10-15 所示。

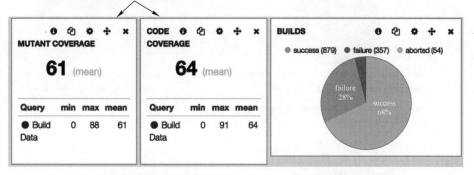

图 10-15　显示好的或坏的构建、单元测试覆盖率和突变覆盖率

一个有效的团队能够开发高质量的软件，团队成员的积极性必然很高，共同实现软件功能，并且定期进行反思，以提高工作效率。为了衡量团队的有效性，可以采用其他团队使用过的策略。

因为他们正在追随 Scrum，这里有一个内置的机制，每两周反映在他们的回溯中。为了确保召开一个富有成效的会议，他们会搜集会议数据。当讨论取得的成就，以及使用哪些度量来跟踪这些成就时，交付时间便成为关键度量。为了让整个团队都注意端到端交付功能的时间，他们将业务人员和开发团队整合在一起，实现共同的交付目标。跟踪交付时间，直到目标实现，然后反思需要改进的地方。当然，在他们准备好这样做的时候，已经收集了有关团队细节的所有数据。

在一个冲刺之后，该团队已经提供了部分功能的网络服务。在另一个冲刺之后，他们能够获得满足第一组功能的标准功能界面。他们在两周的冲刺中运行，最后的交付时间为28 天。

在他们的回溯中开始分解交付时间，以便在过程中找出效率。他们发现项目发起人、开发人员和质量检查部门之间还有很多差异。缺乏良好的面对面对话，并意识到在此情况下改进跟踪，他们可以使用重复率来查找团队中不同角色之间的不同，并使用错误数来跟踪开发团队和质量保证团队之间沟通信息的状况，如图 10-16 中的仪表板所示。

在另一冲刺中分析完 PTS 数据之后，他们开始在追溯中找到问题，利用数据跟踪更正，并提出改进的策略。开发团队虽然是敏捷开发的新手，但是工作速度非常快，采取最好的方式管理源代码和部署新模式。他们开始注意到拉请求和提交，以及 CI 系统构建和部署时间，并将这些度量添加到仪表板中。

团队使用几个基于敏捷原则的度量，经历几个冲刺之后，不断改进了其开发和交付过程。他们觉得使用敏捷方法，能够提高自身的能力和团队的士气。

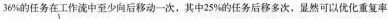

36%的任务在工作流中至少向后移动一次，其中25%的任务后移多次，显然可以优化重复率

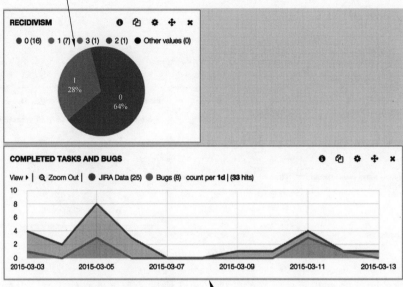

通过跟踪完成的错误以及任务，发现许多已完成的任务中出现错误，看起来
错误的百分比在逐渐增加

图 10-16　仪表板显示任务的重复率、错误以及任务完成的数量之间的关系

10.7　小结

总之，应该使用大量的工具来衡量团队，将度量引入到开发周期中，团队成员之间应该进行沟通。

在本章中，读者学到了以下内容：

■ 要使用敏捷原则衡量一个团队，需要回答以下 4 个问题：

● 需求是否有效？

● 开发团队是否高效？

● 开发过程是否有效？

● 软件运行是否高效？

■ 可以使用前面章节中的度量来衡量需求：

● 重复率。

● 交付时间。

● 开发时间。

● 速度。

■ 可以使用前面章节中的度量来衡量开发团队：

● 交付时间。

● 开发时间。

- 部署频率。
- 成功/失败的构建。
■ 可以使用前面章节中的度量来衡量开发过程:
- 速度。
- PTS 和 SCM 评论。
- 成功部署。
■ 能够使用第 8 章中的度量来衡量自己的软件:
- 成功与失败的构建。
- 业务度量。
- 性能状态数据。

附录

附录 A　使用 ELK 手动分析

本附录导读：
- 回顾敏捷度量收集和分析系统的总体架构。
- 设置 ELK 服务器。
- 使用 Grails 构建数据收集应用程序。
- 在 ELK 服务器上安装数据收集器。

在本附录中，使用 ELK 栈（EC、Logstash 和 Kibana）设置一个强大的分析系统。用户能够从 EC 网站上下载基本栈，还可以登录 github. com/cwhd/measurementor，获取 GitHub 安装程序。

查看一下图 A-1 中的高级组件，了解需要构建的部分。需要编写一些脚本来收集数据，安装一个数据库来存储数据，并将索引、检索和可视化数据放在一起。一旦拥有这些组件，就可以在开发周期中构建与外部应用程序的连接器，以获取数据并进行分析。可以对这些组件使用以下技术：

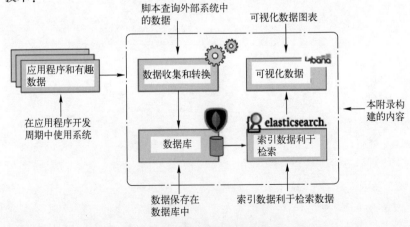

图 A-1　分析系统的高级组件图

- 收集数据——Grails（grails. org/）。
- 数据库——MongoDB（www. mongodb. org/）。
- 数据索引和检索——EC（www. elasticsearch. org/）。
- 可视化数据——Kibana（www. elasticsearch. org/overview/kibana/）。

图 A-2 显示了系统中的数据流。

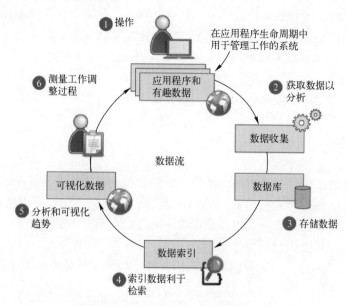

图 A-2　仔细观察分析系统中的数据流

图 A-2 显示了在应用程序生命周期中分析系统的数据流，若结合图 A-1 显示，将要执行以下操作：

- 启动并运行 MongoDB 数据库。
- 获取 EC 和 Kibana 数据，并进行数据索引、检索和分析。
- 创建应用程序以获取数据，并将其保存到数据库中。
- 生成可视化图表和图形。

这些都是作者所做的操作，读者也可以到 GitHub 网站下载最新版本，运行 Puppet 脚本进行全部设置。

如果想使用除 Grails 之外的其他工具也可以，作者有该程序的源代码，如果使用附录 B 中的示例，作者将详细介绍数据收集应用程序，能够很容易开发该系统。

使用 Puppet 和 Vagrant 示例

当在本附录中构建系统时，要考虑安装开发工具和数据库，假设已经安装了 Java。如果什么都不担心，不是更好吗？可以直接开发系统，而无须担心安装任何东西，因为这些工具可能已经安装在了计算机上。版本代码的环境随着 DevOps（en. wikipedia. org/wiki/DevOps）的最新兴起，逐渐流行起来了，这种开发和操作的结合能够更快、更有效地发布软件。可以使用 Puppet（puppetlabs. com/）技术，编写自动安装和版本控制软件的代码。软件的自动

173

安装和版本管理非常好，如果正在开发不同的项目，或尝试使用不同的工具和技术，可以在开发环境之间进行切换。可以使用虚拟机（VM），保持多个环境，在各个操作系统或环境配置之间进行切换，开发不同的项目。Vagrant（www.vagrantup.com）是一个开发工具，可获取 VM 的详细信息，并与 Puppet 无缝集成，从而可以通过终端的简单命令来自动安装软件，并选择开发环境。

当运行该系统时，可以在本地计算机上执行此操作，但是要使用 Vagrant 和 Puppet 设置网站上的代码示例。Vagrant 通过把所有内容都映射在虚拟机上，使本地开发变得更简单。Puppet 配置 Vagrant Box，这样用户就不必担心在本地进行的任何更改，而且很容易在不同系统上安装该解决方案。

在开始构建系统之前，应该更深入地查看其设计和规范。

A.1　设置系统

现在设置一下这个设计水平较高的系统。因为该系统依赖于开源组件，不需要查找、下载和安装每个组件，所以作者将所有内容都加入到 Puppet 脚本中，可以使用该脚本在任何创建虚拟机的地方设置此系统，还可以使用 Vagrant 在虚拟机中有选择地进行安装。本书中重点介绍了在本地主机上执行该操作。

图 A-3 显示了 Vagrant、Puppet 和 VirtualBox 在本地开发环境中的交互情况。

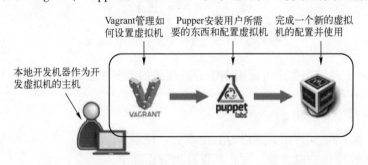

图 A-3　在开发环境中交互使用 Vagrant、Puppet 和 VirtualBox

首先可以从 www.vagrantup.com/downloads.html 上下载 Vagrant 的最新版本，如果使用 Windows 系统，还需要使用 openssh 软件包安装 Cygwin，以便在启动时连接到 Vagrant。

然后，可以登录 ithub.com/cwhd/measurementor 下载本书的代码。该代码库包含 Vagrant 和 Puppet 配置，以安装所需的所有组件。Vagrant 文件包含一行代码，可在本地计算机和 Vagrant 框之间设置一个共享目录，使系统更容易调整。可以在 Vagrant 文件的第 49 行，将 PATH_TO_DOWNLOADED_PROJECT_HERE 更改为下载代码的路径。例如，如果将代码下载到/ Users/cwhd/Development/measurementor，请将 PATH_TO_DOWNLOADED_PROJECT_HERE 替换为/Users/cwhd/Development/measurementor。对于 Windows 用户，请务必转义斜杠。例如，如果在 Windows 机器上将代码下载到 C：\ Agile Metrics \ measurementor，请将 PATH_TO_DOWNLOADED_PROJECT_HERE 更改为 C：\\Agile Metrics\\measurementor。

注意，这些组件的版本在不断更新，在本书出版之后，会更新测量 GitHub 中的数据。有关最新的安装说明，请查看该项目的自述文件。

最后，导航到要下载代码的目录，并运行以下命令，见清单 A. 1。

清单 A. 1　执行 Vagrant

```
$> vagrant up                                          执行Vagrant文件
Bringing machine 'default' up with 'virtualbox' provider...
==> default: Checking if box 'hashicorp/precise64' is up to date...
==> default: Resuming suspended VM...
==> default: Booting VM...
==> default: Waiting for machine to boot. This may take a few minutes...
    default: SSH address: 127.0.0.1:2222
    default: SSH username: vagrant
    default: SSH auth method: private key
    default: Warning: Connection refused. Retrying...
==> default: Machine booted and ready!
$> vagrant ssh                                         进入虚拟机的命令行
Welcome to Ubuntu 12.04 LTS (GNU/Linux 3.2.0-23-generic x86_64)

 * Documentation:  https://help.ubuntu.com/
New release '14.04.1 LTS' available.
Run 'do-release-upgrade' to upgrade to it.

Welcome to your Vagrant-built virtual machine.
Last login: Mon Nov 24 21:24:23 2014 from 10.0.2.2
vagrant@precise64:~$
```

启动本地虚拟机时 Vagrant 输出

登录时 Vagrant 输出

你准备好了!

现在，有一个本地虚拟机，需要安装所有组件。作者在 Vagrant 文件中设置了与本地主机共享的端口，因此可以通过以下 URL，从 Web 浏览器中查看 EC 和 Kibana。

- EC：http://localhost:9200。
- Kibana：http://localhost:5601。

如果出现了这些 URL，则表示在本地环境中已经成功地设置并运行该系统。

一些有用的 Vagrant 命令

基于 sandbox 的 Vagrant 非常便于软件开发。在开发过程中，当需要卸载系统并重新启动时，使用 Vagrant 命令很容易设置一个新系统。

使用虚拟机进行开发，会消耗大量的系统资源，启动和运行其他程序会变得缓慢，如果要停止使用它，可以使用 Vagrant 命令暂停 Vagrant 框，其他应用程序可以使用被占的内存和 CPU；如果要恢复使用，只需再次调用 Vagrant 命令。

有关完整参考信息，请访问 Vagrant 网站。

A. 1. 1　检查数据库

已经使用 Puppet 脚本安装了 MongoDB，如果要直接检查该数据库，可以使用清单 A. 2 中的命令，从执行 Vagrant 主机的命令行开始。

清单 A. 2　在 MongoDB 中检查数据

```
vagrant@precise64:~$ mongo
MongoDB shell version: 2.6.5                   一般信息输出
connecting to: test#B
```

启动Mongo控制

```
> show collections
jiraData
jiraData.next_id
jobHistory
jobHistory.next_id
> db.jiraData.find()
{ "_id" : NumberLong(8805), "assignees" : [ ], "created" : ISODate("2014-
    11-21T19:19:05Z"), "createdBy" : "james.lee3_nike.com", "dataType" : "PTS",
    "issuetype" : "Bug", "key" : "ACOE-885", "leadTime" : NumberLong(0),
    "movedBackward" : 0, "movedForward" : 0, "storyPoints" : 0, "tags" : [ ],
    "version" : 0 }
> db.jiraData.remove({})    ◄────── 删除全部集合中的数据
> exit    ◄────── 退出MongoDB
```

显示在数据库中收集的数据

检查jiraData集合

注意，如果不运行数据收集器，就不会看到数据库中的任何数据。

有关 MongoDB 的完整文档，请访问 www. mongodb. org／。

A. 1. 2　配置数据收集器

数据库和 Web 显示（a. k. a. 中间层）之间一切的应用程序，都是用 Grails 和 Groovy 编写的。如果根据实际需要，使用其他编程语言，也能够实现相同的目标，关键是使用自己最满意的编程语言，开发过程会比较舒服。作者个人比较喜欢 Groovy，因为它易于使用，非常通用，开发的版本简单实用，降低了编程人员的工作量，并且可以在 Java VM（JVM）上运行，这使得它具有较高的可移植性和可扩展性。总之，它好比是一把瑞士军刀，可以快速构建想要的东西。如果想看到使用某些语言编写的示例，请随时通过作者在线论坛请求帮助，作者可以发布任何想要的示例。

在附录 B 中，如果想要调整 Grails 应用程序的详细信息，作者将提供更多支持，但是如果不希望受到限制，那么应该通过一些配置进行调整。

作者附带了一个 shell 脚本，它将引导读者完成系统的配置，在此期间，读者应该准备好要连接的所有受支持系统的 URL 和凭据。必须输入 base64 编码的字符串作为凭据，可用于 HTTP 基本认证。例如，如果用户名是 UserOne，密码是 h0lm3s，那么基本身份验证字符串将为 UserOne：h0lm3s。可以使用本地工具对字符串进行 base64 编码，也可以访问像 www. base64encode. org／这样的站点。

shell 脚本会将文件 measurementor. properties 复制到一个名为 application. properties 的新文件中，然后使用传递到 shell 脚本中的参数，更新应用程序的设置。如果不运行 shell 脚本或想要修改，则可以通过将 measurementor. properties 文件复制到名为 application 的新文件中，并将 URL 添加到要连接的系统中，这些步骤都是通过手动完成的。一个 jira 连接的示例见清单 A. 3。

清单 A. 3　设置配置文件

```
jira.credentials=dXNlcjpwYXNzd29yZA==    ◄────── 64位编码基本认证
jira.url= https\://jira.whatever.com    ◄────── 到系统根目录的URL
```

因为只在本地操作，所以可以从 Vagrant 框中运行 Grails 应用程序，将执行以下操作：
■ 启动指定的系统。

- 获取数据。
- 将数据写入到 Mongo DB 中。
- 索引 EC 中的数据。

将 SSH 插入到框中，并使用清单 A. 4 中的命令运行应用程序。

清单 A. 4　执行 Grails 应用程序

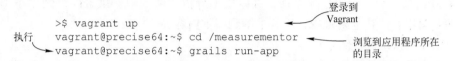

现在一切都很好！每天执行一次应用程序，获取系统数据，并对其进行索引。

如果托管了 jira，请小心

如果使用托管版本的 jira，请注意数据收集的次数和频率。作者曾经在一个相当大的团队中负责处理大量的数据，注意到了由于 jira 负载导致系统崩溃。如果团队规模小，数据量少，还可以，但是如果团队规模较大，正常使用率较低，则应该限制数据收集次数。

请注意系统日志

一定要注意系统的日志级别，这是从大规模地收集数据中学到的另一个教训。作者曾经看到一些系统因耗尽磁盘空间而崩溃，就是因为没有人注意系统的日志记录。

A. 2　创建仪表板

前端是开源图形系统 Kibana。一旦 EC 中有数据，Kibana 就会把它们连接起来，创建漂亮的图表。图 A-4 显示了使用 Kibana 创建图表的一些方法。

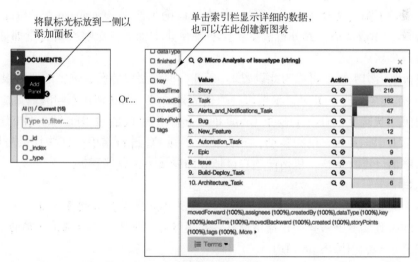

图 A-4　显示使用 Kibana 创建图表的方法

在这本书出版的时候，Kibana 4 刚刚被发布，因此，书中一些图表都是使用 Kibana 3 创

177

建的。有关如何设置 Kibana 仪表板的最新信息，请查阅作者的博客 www. cwhd. org/，或阅读 EC 网站上的 Kibana 文档。

A. 3　小结

ELK 堆栈是一个流行的开源工具，可以用来分析团队绩效。读者能够使用本书提供的代码，随意调用它。在本附录中，读者了解到以下内容：

- 使用开源系统进行测量。
- 关于分析系统的架构和操作。
- 如何创建一个分析系统，用来收集和分析数据。
- 如何创建一个能够显示数据的仪表板。

附录 B　使用 Grails 收集源系统数据

本附录导读：

- 测量中的 Grails 组件架构。
- 域对象结构。
- 使用 Quartz 作为作业调度程序。

本附录介绍了测量项目 Grails 数据收集器的架构和代码。如果想要分叉、贡献、扩展或定制项目以更好地适应环境，这将是一个很好的章节。

本附录摘录了附录 A 中的部分内容。附录 A 讨论了使用 ElasticSearch（EC）来索引数据和使用 Kibana 生成图形，并分析数据。这些平台非常强大，能够提供大量即插即用的功能，但是有两个缺点：

- 需要获取索引数据。可以为此设置 Logstash，但需要安装源系统，需要做很多工作。
- 使用 EC 检索数据。如果要根据组合数据估算度量，则必须在不同的地方检索数据。

为了避免这些缺点，有一个基于 Grails 的小型组件可以通过 REST 的 API 连接各种系统，获取在本书中一直在讨论的数据，并将其发送到 EC 进行索引。这些代码可以自定义，可以根据实际情况进行调整，包括使用自己估算的度量来设置仪表板。

测量项目

可以从 github.com/cwhd/measurementor 上免费获得开源工具来测量项目。请记住，因为这是一个实际项目，书中的一些代码示例可能已经过时，但这些算法都是正确的。

本附录将在示例中使用 jira API。

使用 jira 示例

此应用程序含有自定义代码，能够连接源系统，以获取数据。若要浏览其架构，可以使用能够获取 jira 数据的代码，jira 是一种常见且流行的敏捷跟踪系统。人们所看到的代码概念和结构，能够用在基于 REST 的 API 的任何系统中。如果深入了解其代码，将看到它与其他系统的连接。按照本附录中的示例，如果要从其他源系统中获取数据，则可以创建自己的连接器。

B.1　架构预览

首先，看一下附录 A 中概述的高级架构，以表明本附录的重点领域，如图 B-1 所示。

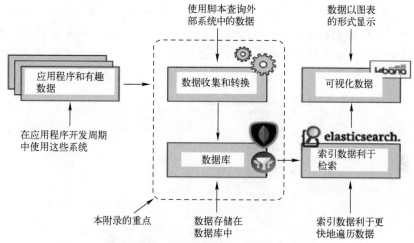

图 B-1　本附录的重点是 Grails 测量部分

请注意，图 B-2 描述了 Grails 和 MongoDB 的应用，读者可以轻松和灵活地使用它们，另外还有图 B-1 中的数据收集和转换组件。

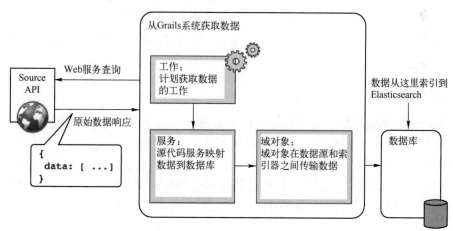

图 B-2　仔细查看基于 Grails 和 MongoDB 的数据收集系统

总体而言，架构很简单。读者根据作业计划收集数据，解析单个数据源，以及使用域对象，表示要索引的每种数据类型。Grails 具有即插即用的功能，可帮助设置如下组件：

■ 使用几行代码创建作业。

- 创建简单对象，通常称为一般 Groovy 对象（POGO），它使用 Grails 对象与数据库关系映射（GORM）来处理事务。
- 创建自动连接到其他类的服务，单行代码就能实现。

因为 Grails 框架重用度很高，允许使用其他语言处理以前的工作，所以读者可以专注于从源系统获取所需的数据，而无须考虑其他情况。

关于使用其他语言和框架的说明

在过去几年中，作者已经开发了几个不同版本的应用程序。第一次使用的是 Python，而不是 Grails，但是作者最终转向 Grails，因为喜欢它的开发模式。在 JVM 上启动和运行 Grails 非常容易，更容易从头开始运行。如果读者讨厌 Grails，可以任选本附录中的模式，使用合适的语言和框架编码。如果这样做，请告诉作者，作者想把它放到自己的博客上！

如果读者想查看该项目，可以使用 IDE 打开，查找感兴趣的部分，如图 B-3 所示。

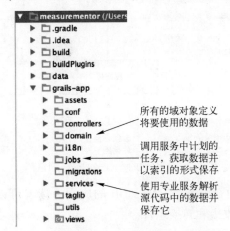

图 B-3　找出域对象、服务和作业 3 个应用程序

读者可以随意浏览，但需要重点关注图 B-3 中所标注的 3 个地方，从而了解下一步工作的重点内容。

B.1.1　域对象

源系统的 API 非常丰富，对所有返回的领域都进行索引，会使检索模式和趋势变得非常困难。所以从一开始就关注自己需要知道的领域，这样会容易一些。

应用程序从多个系统获取数据，将其保存在中心位置以索引。域对象是源系统和索引器之间的契约，允许利用 Grails 框架提供的数据库插件和对象关系映射（ORM），比较容易传输数据。每个系统都有一个域对象，可以获取数据。从清单 B.1 中，会看到一个非常简单的域对象。

清单 B.1　jira 域对象

```
package org.cwhd.measure

class JiraData {
    static mapWith = "mongo"
```
通过ORM将此对象
映射到MongoDB

180

```
static searchable = true                    一旦保存索引此对象

String key
Date created
String createdBy
String issuetype
int movedForward
int movedBackward
int storyPoints
String[] assignees
String[] tags                               你将退出jira API
String dataType                             的属性
Date finished
long leadTime
long devTime
int commentCount
String jiraProject
int estimateHealth
long rawEstimateHealth

static constraints = {
  finished nullable: true
  created nullable: true
  createdBy nullable: true
  issuetype nullable: true
  storyPoints nullable: true
  assignees nullable: true
  tags nullable: true
  leadTime nullable: true                   空的属性更易管理
  devTime nullable: true
  commentCount nullable: true
  jiraProject nullable: true
  estimateHealth nullable: true
  rawEstimateHealth nullable: true
}
}
```

你将域对象所定义的数据，从源系统移动到索引器中。应用程序的主要功能就是数据收集，但首先要来看看需要解析的数据。

B. 1. 2　用到的数据

在清单 B. 2 中，能够看到从 jira 的 API 中获取的数据。在之前的章节中讨论过可以从源系统了解谁、干什么和什么时间的含义，其在图 B-2 中做了说明。

清单 B. 2　典型的 API 响应数据摘录

```
{
  "expand": "names,schema",
  "startAt": 0,
  "maxResults": 50,
  "total": 1,
  "issues": [
    {
      "expand": "editmeta,renderedFields,transitions,changelog,operations",
      "id": "58496",
      "self": "https://jira.blastamo.com/rest/api/2/issue/58496",
      "key": "MSP-3888",       ← 什么时间
      "fields": {
```

```
    "customfield_17140": "55728000",
    "created": "2012-01-19T14:50:03.000+0000",
    "project": {
      "key": "MOP",
      "name": "Multi-Operational Platform",
    }
    creator:
    {
      name: "jsmit1",
      emailAddress: "Joseph.Smith@blastamo.com",
      displayName: "Smith, Joseph",
    },
    aggregatetimeoriginalestimate: null,
    assignee: {
    name: "jsmit1",
    emailAddress: "Joseph.Smith@nike.com",
    displayName: "Smith, Joseph",
    },
  issuetype: {
    name: "Task",
    subtask: false
  },
  status: {
  name: "Done",
  statusCategory: {
  key: "done",
  name: "Complete"
  }
  },
  },
```

干什么

谁

为了易于可视化，将此 JSON 响应转换为图 B-4 中的一组域对象。

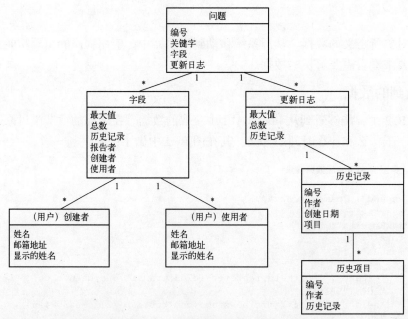

图 B-4 使用域对象的分组

图 B-4 是一个相当复杂的域结构图，响应中的域对象表示任务值域中的所有数据。在大多数情况下，字段可以像名称值对一样简单，但是字段也可以是一个对象，具有自己的名称值对。用户对象就是一个最好的示例，表示任务的创建者和使用者，含有用户名、电子邮件、显示名称等属性。ChangeLog 是另一个对象集合，记录问题的变化过程。

从源系统中获取数据，可以为每个源系统提供服务，将源系统 API 数据映射到域模型中，有助于解析数据。

B.1.3　数据收集服务

数据收集服务将从源系统的特定数据模式中获取数据，并将其映射到域对象。在某些情况下，这是一个简单的映射，包括数据组合或不在源系统中的字段函数。以 jira 为例，清单 B.3 显示了 jira 数据收集服务的摘录。

清单 B.3　收集 jira 数据

```
def getData(startAt, maxResults, project, fromDate) {
  def url = grailsApplication.config.jira.url          在应用程序属
  def path = "/rest/api/2/search"                      性中设置URL
  def jiraQuery = "project=$project$fromDate"
  def query = [jql: jiraQuery, expand:"changelog",startAt: startAt,
  ➥ maxResults: maxResults, fields:"*all"]

  def json = httpRequestService.callRestfulUrl(url, path, query, true)
                                                       HTTP请求调用
  def keepGoing = false                                其他服务

  if(json.issues.size() > 0) {        处理分页请求
    keepGoing = true
  }


  //NOTE we need to set the map so we know what direction things are
  ➥ moving in; this relates to the moveForward & moveBackward stuff

  def taskStatusMap = ["In Definition": 1, "Dev Ready":2, "Dev":3,
  ➥ "QA Ready":4, "QA":5, "Deploy Ready":6, "Done":7]      映射有助于
                                                            设置重复率
  for(def i : json.issues) {
    def moveForward = 0
    def moveBackward = 0
    def assignees = []
    def tags = []                     关键变量
    def movedToDev
    def commentCount = 0
    def movedToDevList = []

    if (i.changelog) {
      for (def h : i.changelog.histories) {        查看变更日志，
        for (def t : h.items) {                    了解历史信息
          if(t.field == "status") {
            if(taskStatusMap[t.fromString] > taskStatusMap[t.toString]){
              moveBackward++
            } else {
              moveForward++
              movedToDevList.add(UtilitiesService.cleanJiraDate
```

主要参数

检查移动次数，
计算重复率

```
                        ➡ (h.created))
                        }
                } else if(t.field == "assignee"){
                  if(t.toString) {
                    assignees.add(UtilitiesService.makeNonTokenFriendly
                    ➡ (t.toString))
                  }
                }
              }
            }
            movedToDev = movedToDevList.min()
          } else {
            logger.debug("changelog is null!")
          }

          commentCount = i.fields.comment?.total

          tags = i.fields.labels

          def storyPoints = 0
          if(i.fields.customfield_10013) {
            storyPoints = i.fields.customfield_10013.toInteger()
          }

          def createdDate = UtilitiesService.cleanJiraDate(i.fields.created)
          def fin = UtilitiesService.cleanJiraDate(i.fields.resolutiondate)

          def leadTime = 0
          def devTime = 0
          if(createdDate && fin) {
            long duration = fin.getTime() - createdDate.getTime()
            leadTime = TimeUnit.MILLISECONDS.toDays(duration)
          }

          if(movedToDev && fin) {
            long duration = fin.getTime() - movedToDev.getTime()
            devTime = TimeUnit.MILLISECONDS.toDays(duration)
          }
          else if(movedToDev && !fin) {
            long duration =  new Date().getTime() - movedToDev.getTime()
            devTime = TimeUnit.MILLISECONDS.toDays(duration)
          }

          def estimateHealth = UtilitiesService.estimateHealth
          ➡ (storyPoints, devTime, 13, 9, [1, 2, 3, 5, 8, 13])

          def jiraData = JiraData.findByKey(i.key)
          if(jiraData) {
            …
          } else {
            jiraData = new JiraData(…)
          }

          jiraData.save(flush: true, failOnError: true)
        }

        if(keepGoing) {
          getData(startAt + maxResults, maxResults, project, fromDate)
        }
      }
```

向所有用户
分配任务

故事点是自定义字段

创建和完成
的时间不同

开始启动和
完成之间的
时差

使用UtilitiesService
计算估算状况

分割简单，
保存一切

递归调用
程序

读者可能会注意到多次调用了 UtilitiesService 执行相关操作，更易于索引，从一个系统到另一个系统转换日期，并执行共享的复杂功能。在本附录中，不再详述 UtilitiesService，如果需要，可以登录 GitHub 网站查看。

这个服务中的模式可以被用来获取其他系统数据。处理持久性和索引的域对象，在此模式下，能够获取源系统数据，并在 Kibana 中进行分析，最后按计划执行一组更新数据的作业。

B.1.4　安排数据收集的作业

作者是事件驱动系统而不是计时器系统的主要支持者。由于用户从多个源系统中获取数据，因此可能无法控制过程，但是可以使用计时器，较容易地更新并索引数据。

使用 Quartz 技术，调度数据收集服务，允许按照自定义的频率执行作业。Grails 的 Quartz 插件很灵活，允许使用 Cron（en. wikipedia. org/wiki/Cron）定义间隔，这是一个标准的 UNIX 机制，或者使用简单的声明来定义重复间隔（以 ms 为单位）。

关于 Quartz

Quartz 是一个用 Java 编写的作业调度程序，具有灵活、轻便、容错的特点。它的代码是开源的，可以随意地编译，但其打包形式更常用。Quartz 流行了很长时间，就是因为其代码很成熟，适合各种场景。要想深入地了解更多的信息，可以登录 Quartz 网站（quartz-scheduler. org/documentation/）查阅相关资料。

清单 B.4 显示了一段代码摘录，定义了一个 Quartz 作业，调用其中一个服务。若想查看完整的代码，请登录 grails-app/jobs/org/cwhd/measure/Populator-Job. groovy。

清单 B.4　调用服务的基本操作

```
class DataFetchingJob {
                                          声明调用工作
def jiraDataService                       的服务
static triggers = {
  simple name: 'jobTrig', startDelay: 60000, repeatInterval: 100000
}                                                              设置触发器

def execute() {                     该作业运行时调用的方法；
  def result = "unknown"            从这里调用服务
  try {
    def startDateTime = new Date()
    jiraDataService.getData(0, 100, "ACOE")
    stashDataService.getAll()
有关时间   def doneDateTime = new Date()
的方法     def difference = doneDateTime.getTime()-startDateTime.getTime()
    def minutesDiff = TimeUnit.MILLISECONDS.toMinutes(difference)
    result = "success in $difference ms"
    println "------------------------------------------------"
    println "ALL DONE IN ~$minutesDiff minutes"
    println "------------------------------------------------"
  } catch (Exception ex) {                          保存作业
    result = "FAIL: $ex.message"                    以供查询
  }
  JobHistory history=new JobHistory(jobDate:new Date(),jobResult:result)
  history.save(failOnError: true)
}
```

这个类可能只有几行代码，因为只需要定义计时器，并调用服务获取数据。代码的其余部分主要用于执行任务、处理错误，并将作业的详细信息保存到 JobHistory 类中。

JobHistory 类用于记录作业执行的时间和结果。如果由于某些原因导致失败，那么当作业下一次再运行时，可以尝试进行相同的查询，如果成功，就不需要再次获取数据。

B.2　小结

使用 Groovy、Grails 和 MongoDB 的过程充满了乐趣。读者可以在源系统中使用开源 API，对获取的数据进行复杂的分析。在本附录中，读者学到了以下内容：

- 可以使用 Grails 的内置功能执行以下操作：
  - 管理持续性。
  - 从 RESTful API 获取数据。
  - 设置 ElasticSearch 接口。
  - 设置作业以更新数据。
- 测量架构简单并可扩展。
- 如果不喜欢 Grails，可以使用其他模式，利用所选择的开发语言，开发相同的应用程序。
- 调度作业可以采用轻便和灵活的 Quartz 技术。